Kenkyu Sosho No.638

研究双書

資源環境政策の形成過程

「初期」の制度と組織を中心に

寺尾忠能：編

IDE-JETRO アジア経済研究所

研究双書 No.638

寺尾忠能 編
『資源環境政策の形成過程──「初期」の制度と組織を中心に──』

Shigen Kankyō Seisaku no Keisei Katei: "Shyoki" no Seido to Soshiki wo Cyūshin ni
(Formation of Natural Resources and Environmental Policies:
Institutions and Organizations in the "Early Stage")

Edited by

Tadayoshi TERAO

Contents

Introduction　The Formation Process of Natural Resources and Environmental Policies: Institutions and Organizations in the "Early Stage"　(Tadayoshi TERAO)

Chapter 1　Environmental Public Interest Litigation and Public Participation in China: Institutional Reform under the Authoritarian Regime　(Kenji OTSUKA)

Chapter 2　The Formation Process of Waste Management Policy in Taiwan: Focusing on the "Waste Management Act of 1974"　(Tadayoshi TERAO)

Chapter 3　The Birth of Environmental Impact Assessment in the U.S.: Beyond Proper Consideration　(Hiroki OIKAWA)

Chapter 4　The Disestablishment of the Climate Commission in Australia and the Creation of the Crowdfunded Climate Council　(Susumu KITAGAWA)

Chapter 5　Deep Control: Evolution of Irrigation and State Power in Southeast Asia　(Jin SATO)

〔Kenkyu Sosho (IDE Research Series) No. 638〕
Published by the Institute of Developing Economies, JETRO, 2019
3-2-2, Wakaba, Mihama-ku, Chiba-shi, Chiba 261-8545, Japan

まえがき

　公共政策としての資源環境政策の特徴のひとつは，その領域の不確定性にある。資源環境政策の範囲を定義することは可能である。さらに，大気，水，土壌，廃棄物，生態系保護など，媒体で区分して領域を細分化し，定義し直すことも可能である。そして，その政策の対象領域は拡大し続けてきた。先進国から後発国への産業化の伝播，後発国の急速な産業化，先進国の経済構造の転換，経済のグローバル化の進展などにともなって，国内の生活環境の破壊，産業公害，環境汚染から，越境汚染，気候変動，オゾン層破壊など，空間的にも時間的にも対象が拡大した。

　資源環境政策は比較的新しい公共政策であるが，資源環境問題は現象としては古くから存在するものである。自然物は人々の利用の対象となることによって価値をもつ資源となり，自然資源の利用にともなう負の影響として，鉱害，公害，環境破壊といった問題が発生する。それらの問題と被害の発生は，資源の利用にかかわる社会経済的な関係の影響を受ける。

　公共政策は政府，公共部門が国民生活の安定と向上，国富と社会的厚生の増大のために行う政策的介入である。資源環境政策が対象とする領域は，自然資源と社会の境界で社会経済活動が引き起こす相互作用の一部であり，市場経済の諸制度に委ねるだけでは制御することはできず，公共政策による介入が必要となる。自然資源と社会の経済活動の境界で起こる相互作用を制御する制度の設計と構築が，資源環境政策の役割と考えられる。資源環境政策は，他の多くの公共政策よりも遅れて政策領域として組み込まれた「後発の公共政策」である。したがって，資源環境政策はすでに存在する公共政策，とくに国富の増大をめざす経済開発政策など，既存の重要な公共政策がすでに存在するなかで形成される。そのため，資源環境政策の形成過程では，他の公共政策との調整が不可欠となる。

資源環境政策の対象となる領域は，空間的，時間的な広がりをもつ。科学的知識の拡大，技術の発展により，市場経済の活動が拡大し，自然資源の境界が動いたことにより，資源環境政策の対象領域は拡大した。地球規模の産業化，経済のグローバル化により，その対象領域はさらに拡大し，取り組むべき課題はさらに複雑になってきている。こうした過程で，資源環境政策は，その政策領域を確立しつつあるとみなされるかもしれないが，むしろ多様な政策目的をもつ多くの公共政策との複雑な調整を必要とする境界領域としての特性を，より際立たせつつあると捉えることもできる。資源環境政策は，独自の領域として確立された独立した政策としてみるよりも，自らの政策形成のためには他の公共政策の領域との調整が不可欠な，境界領域をもつ政策とみなす必要がある。

　資源環境政策が領域を拡大させつつあるなかで行われている調整過程の背景を知るためには，その形成過程を研究対象に取り上げる必要がある。上述のように，独立した政策領域が確立され，発展していく過程としてみるだけではなく，資源環境政策の生成と新たな領域への分岐の過程において，他の公共政策との間でどのような調整が行われたか，資源管理政策や公衆衛生政策などの既存の公共政策の一部とみなされていた領域がどのようにして国家の統治術の対象としての「環境」(the environment) という枠組みに組み入れられていったのかを明らかにする必要がある。

　「後発の公共政策」として既存の政策体系の隙間で生成した資源環境政策では，その形成過程は初期条件のわずかな違いによる影響を受けるという，経路依存性をもちやすい。そのため，資源環境政策の形成過程の「初期」にどのような困難に直面し，克服したのか，その背景を検討することは，形成過程の全体像を理解するためにも重要となる。

　さらに，「後発の公共政策」である資源環境政策の政策形成過程の初期では，多くの関係する多様な利害を調整する独立した行政組織が存在しない。「環境」という利害関心を代表する主体は存在しないか，存在しても政治的な力をもつことは困難であろう。そのため，初期の多くの試みは既存の公共政策や利害関係をもつ主体との調整の困難などによって，政策形成に挫折

するか，政策が実現されても必ずしも十分な成果を上げることができなかった。政策形成過程の初期に行われた，十分な成果を上げられなかった試みは失敗とみなされ，顧みられず，研究対象とされることは少ない。

　この共同研究では，資源環境政策の形成過程の初期と，その経路依存性に着目し，各国の事例を取り上げて分析を試みている。先進国と後発国では，後発の公共政策としての初期条件が異なり，その経路依存性の現れ方もその影響を強く受けると考えられる。政府による公共政策という公共財の提供は，政治体制の影響も強く受ける。この共同研究は，異なる政治体制下の先進国と後発国を取り上げて分析することによって，資源環境政策の形成過程の全体像を浮かび上がらせるための基礎研究となることをめざしている。

　本書は，アジア経済研究所で2015年度と2016年度に行った「経済開発過程における資源環境行政組織の形成過程」研究会の成果の一部である。2013年に発行した寺尾忠能編『環境政策の形成過程——「開発と環境」の視点から——』（研究双書No.605），と2015年に発行した寺尾忠能編『「後発性」のポリティクス——資源・環境政策の形成過程——』（研究双書No.614）に続いて組織した共同研究に基づくものである。上記の2冊の研究成果の元となった研究会で幹事をつとめた船津鶴代氏は，今回はオブザーバーとして参加し，引き続き研究会の運営に尽力し，執筆者には含まれていないが議論に参加することで多大な貢献をしていただいた。また，鄭方婷氏（アジア経済研究所），前嶋聡氏（立教大学）には，研究会で外部講師として講演していただき，重要な示唆を頂戴した。現地調査や国内での資料収集でお世話になった方々，アジア経済研究所においてこの共同研究の企画，運営でお世話になった方々，研究成果の審査，評価の過程で重要なコメントをいただいた方々，そして編集，校正の過程で貴重な助言をいただいた編集出版部門の担当の方々に，深く感謝したい。

2018年12月

編　者

目次

まえがき

序　章　資源環境政策の形成過程の考察のために
　　　　――「初期」の制度と組織を中心に――………………寺尾忠能…3
はじめに………………………………………………………………………3
第1節　初期の資源環境政策の形成過程　………………………………4
第2節　初期の政策・制度・組織と後発性，経路依存性………………7
第3節　資源環境政策の形成過程と政治体制　…………………………9
第4節　日本の「初期」資源環境政策を対象に含む先行研究…………12
第5節　本書の構成と論点　………………………………………………24
　　5-1　各章の内容　24
　　5-2　本章の議論と各章との関連　28

第1章　中国における環境公益訴訟と公衆参加
　　　　――権威主義体制下での制度改革――………………大塚健司…33
はじめに　………………………………………………………………………33
第1節　中国の環境政策における情報公開と公衆参加………………35
第2節　中国における環境訴訟………………………………………41
第3節　環境司法の専門化と環境公益訴訟の試行……………………43
第4節　改正環境保護法施行後の環境公益訴訟の展開………………48
第5節　環境公益訴訟を支援する環境NGOと公衆参加………………54
おわりに　………………………………………………………………………58

第2章　台湾における廃棄物管理政策の形成過程
　　　　——1974年廃棄物清理法を中心に——……………寺尾忠能…63
はじめに……………………………………………………………………63
第1節　廃棄物管理政策の形成過程………………………………………64
第2節　「廃棄物清理法」の制定と改正 …………………………………68
第3節　1974年廃棄物清理法の立法過程 ………………………………70
第4節　1974年水汚染防治法，
　　　　1975年空気汚染防制法の立法過程との比較 ……………………74
　4-1　水汚染防治法，空気汚染防制法の制定時の問題点　75
　4-2　立法化の要因　77
　4-3　立法過程の共通点と相違点　80
第5節　法制度執行の受け皿としての行政組織の形成……………………85
おわりに……………………………………………………………………90

第3章　アメリカ合衆国における環境アセスメントの誕生
　　　　——「適正配慮」を越えて—— …………………及川敬貴…95
はじめに……………………………………………………………………95
第1節　先行研究と問題設定………………………………………………96
　1-1　国家環境政策法　96
　1-2　魚類・野生生物調整法　98
　1-3　長期の制度発展への眼差し　99
第2節　大衆化した「保全」とその政治利益化……………………………100
　2-1　萌芽としての1920年水力発電法　101
　2-2　大衆化した「保全」　102
　2-3　ニューディールと1934年法　104
第3節　魚類・野生生物調整法の構造的変容………………………………105
　3-1　1934年法　105
　3-2　1946年法　107

  3-3 1958 年法 110
第 4 節 FWCA から NEPA へ
    ——環境アセスメントとはなにか—— ……………………… 111
  4-1 「環境」への影響 112
  4-2 「公衆参加」の確保 113
  4-3 「代替案」の検討義務 113
 おわりに……………………………………………………………… 114

第 4 章 豪州クライメート・コミッションの廃止と
    非政府組織としての再建の試み ………………喜多川進… 119
 はじめに……………………………………………………………… 119
 第 1 節 オーストラリアの気候変動防止政策の展開……………… 119
 第 2 節 クライメート・コミッションの創設と活動概要………… 122
 第 3 節 アボット政権誕生によるクライメート・コミッションの廃止… 125
 第 4 節 クライメート・カウンシルの設立と活動内容…………… 127
  4-1 クライメート・カウンシルの設立 127
  4-2 クライメート・カウンシルの活動内容 128
 第 5 節 クライメート・カウンシルの最近の特筆すべき活動……… 132
 第 6 節 クライメート・カウンシル支持の背景…………………… 135
 第 7 節 他の政府組織の廃止事例との比較………………………… 139
 第 8 節 クライメート・カウンシルの設立に至る過程
    ——「初期」性，後発性，経路依存性からの検討——……… 141
 おわりに……………………………………………………………… 143

第 5 章 深い統治
    ——東南アジアの灌漑と国家権力の浸透—— ……佐藤　仁… 147
 はじめに……………………………………………………………… 147
 第 1 節 資源管理と国家権力………………………………………… 148

第 2 節　国家対コミュニティの二項対立を疑う ………………………… 152
　2-1　灌漑開発における国家の優越　152
　2-2　東南アジアにおける灌漑施設拡大の動因　159
第 3 節　強制力の源泉 ……………………………………………………… 160
　3-1　マンのインフラ的権力論　160
　3-2　国家関与の諸次元　161
　3-3　理論的示唆　164
第 4 節　結論 ………………………………………………………………… 166

資源環境政策の形成過程
――「初期」の制度と組織を中心に――

序章

資源環境政策の形成過程の考察のために
―― 「初期」の制度と組織を中心に ――

寺 尾 忠 能

はじめに

　政策の形成過程を考察する際に，どの時点をその出発点と考えるかは，その政策をどのようにとらえるかを左右する重要な問いである。比較的新しい公共政策である資源環境政策では，現在もその形成過程の初期にすぎないのかもしれない。「後発の公共政策」である資源環境政策は，経済開発政策等の他の公共政策の体系がすでに存在する狭間で形成され，発達してきた。資源環境政策の現状は，制度・政策と行政組織がもつ経路依存性によって，その形成過程から強い影響を受けていると考えられる。さらに，その形成過程の「初期」に注目することにより，後発であることの意味と問題点をより明確に示すことができると考えられる。

　ひとつの公共政策の形成過程を分析する場合，ある実体としての政策の主体的な発展としてとらえられることが多い。ある政策の現在の形態がどのようなプロセスを経て形成されたかを中心に分析される。対象とされる公共政策は，現在はひとつの自明な実体として存在しているが，その形成の当初からそうであったとは限らない。資源環境政策に関しては，むしろいくつかの政策課題がひとつの独立した政策領域として定義され，それを裏づける制度と組織が形成される過程として，政策形成過程をとらえる必要がある。

第1節では,「後発の公共政策」という資源環境政策の特徴が, その形成過程の初期でどのような問題をもたらすかを中心に, 初期の政策形成過程の問題を検討する。第2節では,「後発性」に加えて, 経路依存性等の要因が初期の政策形成に与える影響を検討する。第3節では, とくに初期の政策形成過程の初期条件として重要な, 政治体制を取り上げ, その違いが政策形成過程に与える影響を検討する。第4節では, 以上の議論の背景として, 日本の資源環境政策を歴史的視点から分析した, 公害史, 環境社会学, 環境政治学, 環境法学等の先行研究を取り上げ, 資源環境政策の初期の形成過程がどのように扱われているかを検討する。第5節では, 第1章から第5章までの内容を要約して紹介し, それらの各章と本章の議論を関連付けることによって本書全体の内容を要約することを試みる。

第1節　初期の資源環境政策の形成過程

　資源環境政策とは, 資源管理とそこから広がった環境保全を含む公共政策の領域ととらえることにする。「資源」は材料であると同時に, 手段としてもとらえることができる。経済開発過程における資源の役割を考察する資源論では, 資源をエネルギーや鉱物等の自然物だけでなく,「働きかけの対象となる可能性の束」ととらえている（佐藤2011）。自然界の物的対象でも, 人間が利用するために働きかけを行わなければ資源とはならない。資源を広く定義すれば, 環境問題も資源管理の問題の一部となる。資源環境政策には, 資源管理政策だけではなく, 公衆衛生政策の一部からも受け継いだ領域がある。後述するように, 本書では一部で公衆衛生とのかかわりがある分野も取り上げるが, 基本的には水資源, 水産資源, 廃棄物, 大気等, 物的資源とかかわる領域を中心に考察する。

　公共政策の形成には, 行政, 立法に加えて, 司法が裁判等を通じて重要な役割を果たす場合もある。行政には, 中央政府と地方政府があり, 中央政府

の中にも多くの省庁がある。政府内に新たな行政機関，組織が形成され，それらの各政府機関が問題に取り組み始め，市民社会や民間企業との相互作用を経て，公共政策が形成される。経済開発と資源環境政策との関連を検討する「開発と環境」という研究分野においては，政策形成過程の「初期」を，中央政府レベルでの最初の環境法が制定された時期と，とりあえず定義することに意味があると考えられる。多くの場合，それは水質汚濁，大気汚染，騒音等を規制し，廃棄物を管理する産業公害対策法であった。中央政府レベルでの初期の環境法は立法府により制定されるが，多くの場合，それは行政府が提案した法案に基づくものである。議員立法等の手続きで制定されるとしても，行政府との調整が行われなければ，それが実効性を持つ法制度の基礎となることは難しい。

　多くの発展途上国で，法制度は，資源環境政策が実効性を持つよりもずっと以前に制定されてきた。先進国においても，初期の環境法の制定は必ずしも十分な成果を上げることができなかった。そのような状況に対して，十分に整備された法制度はすでに存在していたが十分に執行されなかったという解釈と，法制度自体に不備があり実効性を持っていなかったという解釈があり得る（片岡1997, 5-7）。いずれの理由であれ，法制度が正式に整備された後に産業公害等の環境破壊とその被害の拡大を防ぐことができなければ，2004年の水俣病関西訴訟最高裁判決にみられるように，行政府はその責任を問われる可能性がある。

　環境法が成立・公布された後，行政府は本来，速やかにそれを執行する行政組織を中央政府内と地方政府に設置・拡充し，人員を配置し，予算措置を講じて，有効な対策を開始しなければならない。それができなかったとすれば，その理由を考察する必要がある。また一方で，法制度に内在する不備に不十分な執行の原因があったのならば，法制定の過程でなぜそれらの不備が見過ごされたのか，あるいは問題の存在がわかっていたのになぜ軽視されたのかが，明らかにされる必要がある。さらに，環境保全よりも経済発展を重視したといった一般論だけではなく，どの関係者にどのような利害関係が

あったことが，政策の形成や有効な執行を妨げたのかを具体的に明らかにされる必要がある。

初期の環境法の制定は，ひとつの契機であり，対策を進める重要な機会であった。そのような機会が失われた理由を明らかにすることは，社会科学の重要な課題のひとつであろう。それらの初期の法制度が，むしろ高まった社会的な関心を抑え込むものとして機能していたという指摘もある。法律がつくられることによって，対策がとられるという期待だけが植えつけられ，直接の被害を受けた当事者以外の人々の関心をむしろ薄れさせるという場合もある[1]。

政策形成過程を政策の発展の軌跡とみると，十分な成果を上げられなかった初期の取組みには，研究対象としてあまり関心が向けられない。対策が不十分であったとして，そもそもこの程度で十分だと考えていたせいなのか，知識や技術が不足していたのか，長期的な視点が不足していたのか，これらを具体的に示さなければ，その事例を取り上げる意味はない。経済発展を環境保全よりも優先させたという説明では単純化しすぎている。その時点で最善を尽くそうとした，にもかかわらず何らかの理由でできなかったのではないか，という仮定から出発するべきではないか。当時の認識では関係者はその程度で十分だと考えていたと，はじめから決めつけるべきではない。

初期の資源環境政策の進展を阻んできた最大の障害は，因果関係の不明確さであった。資源環境政策の形成過程を歴史的に見ても，そのことは明らかである。とくに健康被害では，汚染を受けてから疾病として顕在化するまでに長い時間がかかり，他の原因による疾病との区別が困難となる場合もあり，因果関係の確定には科学的な困難をともなうことが多い。環境問題に

---

1) 宇井によれば，「規制する法律がないから取り締まれない」であった官庁の言い分が，水質二法ができると「法律はたしかにできたけれど，政令による水質基準ができるまでは取り締まれない」に変わっただけだった（宇井 1988, II-257）。宇井は「法律一本で世論三年」という「経験則」を立てて，はじめから対策の遅れの言い訳として，あるいは人々の関心をそらすために，政府は不完全な法制度を導入したのではないかと指摘した（宇井 1988, II-162）。

は，騒音・振動や景観破壊のように因果関係が明白な問題も含まれるが，そのような問題においても個人や社会が完全には制御できない自然物を媒介にしているという，他の環境問題と共通する性格をもつ。水，大気，土壌等の自然物を媒介することにより，環境問題には本源的な不確実性がある。自然物を媒介することに起因するこの不確実性は，原因行為と被害の因果関係の確定を困難にする。また，リスクへの取組みという，政策対応にとって深刻な問題をもたらす。騒音・振動のような因果関係が明白で直接的な影響でも，それが原因となる健康被害については，因果関係は必ずしも明確に主張できるとは限らない。因果関係について科学的に証明されるか，不完全な証明でも社会的に合意が形成されることが，政策形成のために必要となる。

第2節　初期の政策・制度・組織と後発性，経路依存性

　資源環境政策は，すでに先に存在していた他の多くの公共政策の影響を受けて形成される。また，政策形成過程には強い経路依存性が存在し，各国で制度や行政組織に違いもみられる。したがって，資源環境政策は，その現状をみるだけでは，その特徴と背景を十分に理解することはできない。Pierson（2004）は，社会科学研究における歴史的視点，長期にわたる観察の重要性を強調している。Pierson（2004）によれば，多くの政策史研究は政策の導入前後の短い期間のみを考察対象にして政策が導入された要因を列挙する傾向があるが，そのような短期的な分析では，目前の変化に関心が集中し，構造的な要因を把握することができない。そして，歴史的な背景を探る動画的な視点が必要であると主張する。とくに，人々の社会，経済とそれらを取りまく自然との境界線上で発生する資源環境問題と，それに対する政策の形成過程の分析には，長期にわたる視点からの観察が必要となる。

　資源環境政策の「後発性」の問題は，Pierson（2004）による社会過程の時間的次元の議論とも対応させることができる。Pierson（2004）は，合理的選

択論を批判しながらも，その分析道具は時間的過程の考察にも有効であると主張し，「経路依存性」(path dependence: 正のフィードバックによる自己強化過程)，「事象の順序（タイミング）と配列」(issues of timing and sequence)，長期間の分析を要する「緩慢に推移する過程」("slow-moving" processes)，「制度の起源と発展」(problems of institutional origins and change) という4つの論点を，合理的な諸個人の戦略的相互作用に焦点を当てる経済理論を用いながら，時間的過程の考察に取り入れようとした。政治現象や政策形成過程には市場経済に存在するような調整メカニズムがないために経路依存性が強く，事象の発生する「順序と配列」が重要な要因となる。

経路依存性が強く長期にわたる過程では，初期の些細で偶発的な出来事が，その後の結果に重大な影響を与え続けている可能性がある。また，政策形成過程のような長期間にわたる「緩慢に推移する過程」では，短期的な切り口で事象をとらえようとすると，重要な要因が見落とされる。「制度の形成過程」は，合理的選択論が想定するような，ある主体の合理的な意思決定によって計画されるものと考えるより，多様で複雑な相互作用による構造的な影響によって，制度自体が変化，発展していくものとしてとらえるべきである。

資源環境政策の形成過程に内在する「後発性」は，「経路依存性」がもたらす「順序（タイミング）と配列」の問題と考えることができる。資源環境政策の形成過程を分析する際には，経済開発政策や産業政策など他の公共政策との関連性に注目する必要がある。それらの公共政策の制度と組織は資源環境政策と関連する領域で資源環境政策より以前に確立されており，その形成過程に強い影響を与えるからである。また，資源環境政策の形成過程は「緩慢に推移する」過程である場合が多く，アクターの役割や利害を必ずしも固定的なものと考えることができない。また，一見すると関係が薄いように見える領域で過去の意思決定が予期されなかった形で影響を与える場合もある。

初期の資源環境政策形成の困難さは，その公共政策としての後発性によっ

て増幅される。公共政策としての後発性は，上記のように「経路依存性」が もたらす「順序と配列」の問題の一種と考えることができる。そして，先に 存在していた他の多くの公共政策の影響を受けて形成されるという，初期の 政策形成の困難さが，再び経路依存性によって，長期にわたる「緩慢に推移 する過程」という性質を通じて，資源環境政策の他の公共政策との関係を固 定化する。

第3節　資源環境政策の形成過程と政治体制

　Meadowcroft（2012）は，現代の民主主義国家の多様な役割を，「安全保障 国家」（the security state），「経済繁栄国家」（the prosperity state），「福祉国家」 （the welfare state）という3つの領域に分類した。「安全保障国家」は，内政 の維持と対外的な脅威に対処する機能に対応する。「経済繁栄国家」は，経 済成長の推進と国家財政の機能に対応する。「福祉国家」は，教育，失業保 険，年金，医療保険等，福祉サービスの供給という機能に対応する。それら 3つの領域にかかわる公共政策は，複雑な相互依存をしながら機能している。 Meadowcroft（2012）は，これらの3つの領域が「環境」（the environment） という第4の政策領域の出現によってどのような関係をもつようになったか を検討し，現在の民主主義国家の「環境国家」（the environmental state）とい う側面を明らかにしようとした。そして，環境国家との最も重要なリンケー ジを経済繁栄国家との間に見出した。そして，経済繁栄国家と環境国家との 相互作用について，以下のように考察している。

　経済繁栄国家による環境国家への潜在的な影響として，環境への支出の増 加（あるいは減少），経済成長による環境負荷の増大（あるいは減少），環境に 関するイノベーションを挙げている。逆に環境国家から経済繁栄国家への潜 在的な影響としては，経済成長の加速（あるいは低下），技術的イノベーショ ンの促進（あるいは阻害），グリーン産業の活性化（あるいは減退）を挙げて

いる。

　Meadowcroft（2012）の考察は「後発の公共政策」というとらえ方との類似性があるが，「環境」が後発の政策領域であることには特に注目しておらず，政策形成における他の政策との相対的な「順序と配列」がもたらす問題については議論していない。したがって，考察されている経済繁栄国家と環境国家の相互作用についても，環境国家がすでに形成された状態を前提にしており，環境国家が資源環境政策の体系化等によってどのように形成されるかは視野に入れられておらず，その形成に経済繁栄国家がどのような影響を与えるかも考察されていない。Meadowcroft（2012）による環境国家という考え方は，「開発と環境」の視点からの政策形成過程の議論に適用するには不十分であろう。

　資源環境政策の形成過程を環境国家の形成と関連づけるか否かにかかわらず，政策形成過程と政治体制との関係は検討に値すると考えられる。1970年代，環境問題の拡大と資源制約の影響と民主主義との関係について，悲観的な議論が広まっていた。Paehlke（1996, 18）によれば，政治思想研究のウィリアム・オフルズ（William Ophuls），経済学史研究のロバート・ハイルブローナー（Robert Heilbroner），政治学研究のテッド・ロバート・ガー（Ted Robert Gurr）等，有力な研究者たちが，民主主義制度は最低限の経済的な繁栄を保証する手段を必要としており，当時予想されていた深刻な国際的資源制約を前提にしては，そのような最低限の水準を維持することは困難であろうと主張していた。そして，民主主義的政治体制よりも権威主義体制による集権的な意思決定の方が，環境問題の拡大と資源制約に対処するためには有効であろうと主張していた。

　1970年代前半の石油ショックに続く国際的な資源制約に対する悲観論がそれらの議論の背景にあったと考えられる。加えて，当時広く知られていたギャレット・ハーディン（Garrett Hardin）の著名な「コモンズの悲劇」（The Tragedy of the Commons）で議論された集合的な意思決定に対する懐疑的な見解が，民主主義社会における資源環境問題に対する悲観論に影響を与えた

と考えられる。

　実際には，権威主義体制の指導者たちの多くは，資源環境問題への取組みよりも産業化と経済発展の推進に重点を置き，生活環境の悪化に対する社会の不満を抑圧し続けた。資源環境保全の取組みは，経済成長を妨げる要因となり得ると考えられていたことがその理由のひとつであったが，それだけではない。資源環境問題の克服のためには，政府は多くの関係者の多様な利害関係を調整する必要がある。これは権威主義体制においても容易なことではなかった。結局，資源環境政策を有効に行うためには，必要な情報の公開と，市民の参加による分権的な意思決定が必要であった。各国の政治体制の環境政策への影響をクロスセクション・データで分析した Congleton（1992）によれば，自由主義的民主主義体制の政治指導者ほど，環境問題への取組みに熱心であった。

　資源環境政策の形成過程の初期には，ほとんどの先進諸国は民主主義国家であった。一方で，後発国の多くは，環境問題に取り組み始めた初期には，権威主義体制下にあった。政策形成の初期の政治体制は，その形成過程に影響を与えると考えられる。一部の後発国で資源環境政策の形成が始まった 1970 年代半ばには，上記のように，権威主義体制下での資源環境政策の進展に対して期待する論者もいたが，大局的にはそのような現象は起きていない。実際には，シンガポールなどの一部の例外を除いて，権威主義体制下では，環境保全よりも経済開発政策が推進されてきた。また，資源環境政策の形成には，「環境」という新しい価値・理念に対する社会的な合意，あるいは環境汚染と被害の因果関係についての社会的な合意が形成される必要がある。政治的自由，言論の自由が制限された権威主義体制下で，そのような社会的な合意を，市民の利害関心を反映する形で形成することは困難であろう。

　資源環境政策の初期の形成過程を取り上げ，考察することによって，「環境」という概念がどのように政策過程に採り入れられていったかを描き出すことが可能になる。資源環境政策の形成過程の初期には，先進国において

も，「環境」という概念は今日のような形では一般的に使われていなかった。鉱工業による水質汚濁，大気汚染，廃棄物による汚染，都市の公衆衛生問題としての汚物管理等，以前から存在した個々の社会問題が，まず「公害」(environmental pollution) として切り取られ，さらには自然破壊や再生可能資源の不適切な利用等の問題と括られ，「環境問題」として範囲が確定されていった。そして環境問題の中にそれまで個別に政策対応されていた社会問題が括られて，資源環境政策として取りまとめられていった。そのような切り取り方，多様な問題の括られ方がなぜ選ばれたのか，他の可能性はなかったのかは，考察に値する問題であろう。

また環境という政策領域自体も変化し続けている。公害問題のような環境汚染の防止・回復から生活環境の包括的な保全へ，廃棄物管理から資源リサイクルおよび資源循環へ，自然保護から生物多様性の保全へ，汚染物の削減からリスク管理へと，それぞれの領域が拡大した。さらに，個々の国・地域の環境保全から地球環境の保全を視野に入れた，超長期的な視点を含む「持続可能な発展」(sustainable development) の実現が資源環境政策の目標として掲げられるようになっている。「環境」の範囲も意味も変容するなかで，初期の政策形成過程を再検討することの重要性が高まっていると考えられる。Meadowcroft (2012) が主張するように，「環境国家」という新たな領域が想定できるとしても，先進国においても後発国においても，それは突然出現したものではない。「環境」という概念で切り取られた範囲を対象とする公共政策の形成は，自明の問題ではなく，解明される必要がある課題である。

第4節　日本の「初期」資源環境政策を対象に含む先行研究

日本の資源環境政策の形成過程についての実証研究をレビューし，その初期についてどのように考察されてきたのか検討する。日本の事例について

は，本書では独立した章として含むことはできなかったが，日本の政策形成についての先行研究をレビューすることによって，その初期がこれまでの研究でどのように扱われているかをみることにする。そして，この領域がこれまで十分に考察されてこなかったことを明らかにする。日本についての研究をレビューすることによって，初期の政策形成過程を考察する意義を示したい。

政策形成過程の研究を行っているその時点から振り返って，ひとつの公共政策が発展する過程としてみると，初期の資源環境政策は不十分なものであり，不完全なものである。研究を行う時点から見て，不完全，不十分な内容であることにより，研究対象として取り上げるに足らないものとみなされる。行政機関がまとめる政策史，通史では，その機関が設立される以前は「前史」という扱いになり[2]，そこでは初期の法制度，政策，組織等が何年にできたかが取り上げられるだけで，それらは不十分なものであったとされ，それ以上の考察はされない。なぜ，どのようにして不十分な内容の法制度，政策，組織等がつくられたのか，その背景は十分に明らかにされない。

「開発と環境」という視点からは，産業公害対策，資源環境政策についての「日本の経験」は，ひとつの参照枠組みとして，重要な事例となりうると考えられる。先進諸国の中でも，第2次世界大戦後の復興期とそれに続く高度経済成長期に急速な産業化と経済成長を実現した日本の経験は，「後発性の優位」を期待して，政策的に誘導して産業化をめざす後発国が資源環境政策を進めるうえで，参考になる側面が相対的に多いであろう。とくに，日本の政策形成過程の初期について，どのような要因で形成されたか，どのような困難に直面したかは，「開発と環境」という視点から重要な研究課題となる。産業公害対策，資源環境政策についての「日本の経験」を後発国の参照

---

[2] 環境庁10周年記念事業実行委員会（1982）では，1971年の環境庁設立以前についても公害対策を中心に戦前から第2次世界大戦後の高度経済成長期までの政策形成過程に関してそれなりに紙幅を割いていたが，環境庁20周年記念事業実行委員会（1991）では，環境庁設立以後に重点を置き，それ以前についての記述は大幅に削られている。

枠組みとして利用するためにも，初期の形成過程を明らかにし，考察することは重要であろう[3]。

　日本については，今日では初期の資源環境政策の一部であったと考えられる産業公害対策に関して，「公害史」とされる分野でいくつかの重要な研究がある。日本の公害史の研究対象は，明治期に発生して長く被害が続いた足尾鉱毒事件と，第2次世界大戦後に顕在化した熊本県の水俣病事件に集中しており，これら以外の事件や問題についての研究は限られる。公害対策，資源環境政策の形成過程も視野に入れた研究としては，以下のようなものがある。日本の公害史の通史ともいえる宮本 (2014) では，「第1部 戦後公害問題の史的展開」の中で，産業公害対策として初期の資源環境政策が取り上げられている。まず，「第1部 第1章 戦後復興と環境問題」の「第4節 公害対策」で，企業の対応，自治体（地方政府）の対策，国（中央政府）の公害対策が取り上げられている。中央政府レベルについては，具体的には 1955 年に当時の厚生省が国会への提出を試みたが挫折した「生活環境汚染防止基本法案」と，1958 年に本州製紙江戸川工場事件を契機に成立した「水質二法」(「公共用水域の保全に関する法律」（水質保全法）と，「工場排水の規制に関する法律」（工場排水規制法）の総称）が取り上げられている。さらに「第1部 第2章 高度経済成長と公害問題──史上空前の深刻な被害の発生──」でも，「第3節 公害対策の始まり」として，企業，国（中央政府），地方公共団体（地方政府）それぞれの公害対策が，1967 年の「公害対策基本法」以前のおもな対策として取り上げられている。中央政府レベルについては，1962 年の「ばい煙規制法」がおもに取り上げられ，大気汚染の拡大を防ぐためには不十分なものであったとされている。「第1部 第3章 公害対策の展開──オータナティブな政治経済システムを求めて──」，とくにその「第2節 公害対策基本法──調和論と受忍限度論をめぐる対立──」で，1967 年に制

---

[3] アメリカ合衆国については，環境政策の形成過程についての実証研究が，政治学を中心に多数発表されている（及川 2003）。1960 年代以前や第2次世界大戦以前についても研究がある（及川 2015）。

定された公害対策基本法を取り上げ，中央政府レベルの公害対策，資源環境政策の重要な起点とみなしている。第3章ではさらに「第4節 公害国会と環境庁の創設」で，公害対策・資源環境政策に関連する14の法案が成立した「公害国会」とされる1970年の第64臨時国会と，1971年の環境庁設立を取り上げている。さらに，続く「第1部 第4章 4大公害裁判」で，1971年から1973年にかけて判決が下されたイタイイタイ病裁判，新潟水俣病裁判，四日市公害裁判，熊本水俣病裁判を取り上げて，産業公害対策に司法が果たした役割を述べている。

宮本（2014）では日本の資源環境政策の出発点をどの時点と考えるかは明確に示されていないが，以上から1967年の公害対策基本法制定から1970年の公害国会前後をその重要な起点とみなしていると考えられる。1967年の公害対策基本法については，公害対策は経済発展を妨げない程度に留めるという「経済調和条項」を入れることで産業界の圧力と妥協して成立したものとして，その限界を指摘している。一方で，先進国の中でも早い時期に成立した環境保全のための基本法として，その立法には一定の評価を与えている。公害対策基本法やその他の多くの環境法に含まれていた経済調和条項は，1970年の公害国会で修正，廃止されている。4大公害裁判ではいずれも健康被害を受けて原因企業を訴えた原告が勝訴した。4大公害裁判の過程で，無過失責任や疫学的因果関係，共同不法行為等の法理が示され，産業公害の原因となった企業は，政府の規制があってもなくても，その責任を問われることが確定した。4大公害裁判は企業の公害対策への取組みを促す重要な転機とされる。以上のような，中央政府，地方政府の政策と企業の対策の取組みは，産業公害の被害者や大規模開発で生活環境を脅かされつつあった市民による激しい運動の圧力によって促されたものであったことが強調されている。

環境法，産業公害対策法の成立過程では，1967年の公害対策基本法については比較的詳しく研究されている。宮本（2014）でも，立法過程での政府，与党，野党，経済界等のやりとりが取り上げられている。以上のように，宮

本 (2014) は公害対策基本法以前の法制度についても比較的詳しく取り上げているが，他の多くの公害史，環境問題史の文献と同様，それらは重視されていない。

宇井 (1988) は，1970年から1971年にかけて東京大学工学部の教室を利用して行われた公開自主講座「公害原論」の記録である。当時は上記の公害国会，環境庁設置，4大公害裁判等が進行しており，中央政府レベルでの資源環境政策が本格的に始動しつつあった時期である。この有名な講義録のなかで，宇井は当時裁判が進行中だった新潟水俣病，熊本水俣病，イタイイタイ病に加えて，足尾鉱毒事件に始まり日立煙害事件，本州製紙江戸川工場事件等，明治期，大正期から戦後復興期にかけての公害事件を取り上げ，企業や行政の対応を検討している。また，宇井 (1971) はこの時期までの公害対策について，歴史的な視点を持って分析することの重要性と，公害問題を劇化させてしまったことを「反省」する視点の必要性を強調している。産業公害対策の進展と同時代の考察における「反省」として，半世紀近く後の現在の時点で社会科学が取りうる姿勢は，当時なぜ適切な対策がとられなかったのか，産業公害は必ずしも新しい問題ではなく，必要な対策も知られていたにもかかわらずなぜ実施されなかったのか，その背景を明らかにするために，歴史的な視点を持って取り組むことと考えられる。

化学工学の研究者・技術者として，宇井は水俣病の原因解明にかかわった。また，宇井は1972年の国連人間環境会議等の場で日本の公害問題を世界に紹介した[4]。公開自主講座「公害原論」で，宇井は産業公害が古くから存在し，問題として認識され，先駆者たちの取組みが行われてきたことを明らかにする。過去にさまざまな対策が行われてきたにもかかわらず，高度経済成長期の日本で産業公害の拡大を防ぐことができなかったのはなぜか，過

---

4) 日本の公害問題を海外に伝えた先駆者であり，後発国でその経験，とくにその失敗が活かされることを望んだ宇井が，日本の公害をとらえるためには歴史的視点が必要であると主張したことは示唆的である。また宇井 (2002) では公害の経験を伝えることの困難さを述べている。寺尾 (2003) も同様の問題を論じている。

去の先駆的な対策が忘れられ，失敗が繰り返されたのはなぜか，宇井は問いかけ続けた。後年になってこの時期を振り返った宇井（1995）でも，宇井は歴史的視点と反省が当時重要だったと強調している。

「公害原論」というマルクス経済学の「原理論」「経済原論」を思わせる名称は，理論化への指向をうかがわせる。しかし，宇井（1995）によれば，当時は「不幸にして若いころ日本の社会科学の大方で流行した訓詁の学風におそれをなして以来，社会科学については拒絶反応を示すようになってしまった」ため，工学的な経験則で間に合わせてしまったという。一方で，「もちろん，経験則であっても，その整理と客観化は必要であり」，「最低限の理論化は，私自身の好みとは関係なく，今絶対に必要なのである」とも述べている。

また足尾鉱毒事件についての講演録である宇井（1996）でも，足尾鉱毒事件と1958年の本州製紙江戸川工場事件との関連を指摘しながら，「戦後，公害問題ということが，永いこと過去の問題としてしか考えられなかった，あるいは過去の問題と現実をつないで調べようという動きが少なかったのはなぜであろうか。これは失敗の歴史だと思うのです」と述べている。イデオロギーを背景にした教条主義的な理論化を批判しながら，経験則だけでは不十分であり，過去の失敗の教訓が簡単に忘れられることの問題を宇井も痛感していたことがうかがえる。日本の環境社会学会の学会誌第1号に寄せた「環境社会学に期待するもの」（宇井 1995）では，社会科学による公害問題，環境問題の理論化に期待しつつ，それを「問題解決型の学問」として社会学だけではなく，他の分野にも研究の余裕が広がることを希望している。

この時期，宇井自身も「公害原論」の直接の延長となるような包括的な研究ではないが，専門分野である「水」について，人々との関わりの歴史に注目した社会科学的な考察を試みていた。また，「応用化学と土木工学という，どちらも社会と技術のかかわりがきわめて強い分野で長く仕事をしてきた技術者が，その仕事の経験と自分のかかわった立場から，水と社会との関係をどう見ているか，その体験から水という生命にとっても社会にとっても不可

欠の物質とどうつきあっていくべきだと考えたかをまとめておくことは，意味があるだろうと思う」（宇井 1996, 31-32）と述べ，「水の社会環境学」を構想していることを紹介している。「水の社会環境学」に水とかかわる政策の形成過程がどのように含まれるのかは明示されていないが，運動論や経済体制論として単純化されない，「技術の社会史」といった視点から，政策形成史が構想されていたことがうかがわれる。

環境社会学における歴史的視点からの研究としては，飯島（2000）が挙げられる。飯島（2000）は，日本を中心として東・東南アジア地域とのかかわりや世界の先住民を視野に入れた環境問題の通史をめざしたものである。その視点の軸は，第1に「公害問題や環境問題によって被害を受けてきたのは，また，その逆に，問題をひき起こしてきたのは，人間社会のどのような位置にあるひとびとなのか，それらの加害－被害関係の構成者は，時代の変遷とともにいくぶん変化しているが，どのような変化なのかという受害者と加害者の関係と人間社会の歴史における位置づけに関する面」であり，第2に「そのような時代ごとの加害－被害関係という静的切り口に対して動的なものであって，公害問題や環境問題を改善するためになされてきた広義の対策にかかわるものであるが，それは，通常は対策という単語では語られない環境運動や環境行為をも含めた視点」である。つまり，「行政の環境対策だけではなく，被害者や住民の問題への対応が，事態の変革にどのように影響力をもったのか，あるいは，いかに有効であったか，という視点」で，政策形成過程をとらえようとしている（飯島 2000, 292-293）。

以上のように，飯島は，資源環境政策の形成過程を政府による政策だけではなく，より広い多くのアクターを含む政策過程として想定している。とくに，被害者や住民の取組みが政府や企業に対策を行わせるために圧力として重要であったことを強調している。日本の資源環境政策の形成過程については，「第5章 環境運動と環境対策」の「3 環境政策と環境運動」で，1958年の本州製紙江戸川工場事件と水質二法の制定，1964年の静岡県沼津市，三島市，清水市の住民によるコンビナート建設計画反対運動と1967年の公害

対策基本法の制定，4大公害裁判と1970年の公害国会による公害関連14法の制定という3つの事例を取り上げ，中央政府の資源環境政策の形成に被害者と住民の運動が圧力として重要であったと強調している（飯島2000）。

資源環境政策の形成過程における環境運動の重要性は，長谷川（2001）でも強調されている[5]。環境社会学の先行研究が主張するように，環境運動が資源環境政策の形成に重要な役割を果たしてきたことは明らかであるが，社会的な圧力のひとつとして政策形成の背景に重要だったのであり，法制度などの具体的な政策が形成される過程に個別に与えた影響を指摘することは困難である。とくに，政策提言の役割を担いうる環境運動団体が存在せず，漁業協同組合など地域の既存の社会組織やその連合体が運動を担っていた「初期」の政策形成において，環境運動の役割は限定的であったと考えられる。そうした状況にもかかわらず，政策形成が行われた背景はどのようなものだったかを考察する必要がある。

環境社会学と隣接する分野と考えられる科学技術社会論（Science, Technology and Society：STS），科学社会学でも日本の資源環境政策を取り上げた研究がみられる。立石（2011）では，イタイイタイ病，熊本水俣病，四日市喘息の対策という，初期に相当すると考えられる事例も取り上げている。立石（2011）ではそれらの事例を用いて「科学委託」という，行政が科学者に研究・審議を委託してその結論をもとに政策を決定する仕組みについて検討している。

日本の資源環境政策の形成過程を対象とした環境政治学の実証研究は少ない。畠山・新川（1984）は，挫折を続けていた環境影響評価法の立法化の政治過程を分析した先駆的な研究である。賀来（2001）は環境政治学による日

5）　長谷川（2001, 1）によれば「（前略）加害 − 被害関係を政策論に媒介するのが，環境運動の重要な役割である」。「環境運動の果たしうる多面的な役割に注目する運動論的な視座は，環境経済学や環境法学には希薄な，環境社会学に独自の視点であり，これに独自のアイデンティティを与えているとみることもできる」。「欧米でも日本でも，環境運動は環境社会学の『生みの親』的な存在である」。

本の実証研究をサーベイしたうえで，おもに1960年代以降の日本の資源環境政策の形成過程についても考察した。環境影響評価法の法制化の度重なる挫折にみられるように，資源環境政策の形成を困難にしてきた最大の要因として，賀来（2001）は調整段階における当時の環境庁の影響力の弱さを指摘している。その背景にあるのは，日本の政策形成過程，立法過程の特徴として，成立する法案に占める政府提案の法案の割合が高いこと，法案の提出以前に与党内，省庁間で行われる調整過程が重要な役割を果たすことを指摘している[6]。つまり，賀来（2001）は，日本の公共政策の形成における「前立法過程」の調整の重要性という条件下で，環境庁が力をもっていなかったことを，資源環境政策の形成過程の限界を説明するおもな要因としている。また賀来（2001）の考察の対象とする政策形成過程はおもに1971年の環境庁設立以後であり，その前の時期については第1節「環境政策の展開過程」でも1967年の公害対策基本法制定以後についてしか政策形成の経緯，背景を取り上げていない。

　平野（2003）は「初期」の政策形成過程を対象とした数少ない先行研究である。第2次世界大戦後の復興期に経済安定本部に設置され，資源政策を構想したシンクタンクである資源調査会が，1951年に当時の首相に対する勧告として発表した「水質汚濁防止に関する勧告」が行われるまでの経緯を，当時の議事録を用いて紹介し，中央政府の省庁間や業界団体の利害関係や背景を分析した政治史研究である。平野（2003）は「戦後日本環境政治史（序）」と題されており，その後の時期となる，環境政治の研究者がほとんど対象としなかった1950年代から1960年代半ば頃までの公害対策基本法制定以前についても研究の構想があったと考えられるが，平野の急死によりこの研究の続きが発表されることはなかった[7]。

---

6) また賀来（2001）は，畠山・新川（1984）以後の動きを含めて，環境影響評価法の法制化の1976年の最初の試みから，1997年の7回目の試みで成立するまでの政治過程を分析している。
7) 平野（2003）が取り上げた資源調査会については，佐藤（2011）等で「資源論」の先

環境法研究では、「初期」のものに限らず、環境法の形成過程についての独立した研究はあまり見られないが、教科書等のほとんどで通史的な説明があり、政策形成過程についての一定の考察を含むものも見られる。阿部・淡路（1995）は「第Ⅰ章 環境法の生成」で1967年の公害対策基本法以前の環境法についても取り上げて考察している。大塚（2002）は、「第Ⅰ編 環境法の基礎」の「第1章 わが国の公害・環境法の歴史」で、おもに第2次世界大戦後の公害法、環境法の歴史を比較的詳しく取り上げており、通常はあまり詳しく取り上げられない日本最初の環境法である1958年の水質二法の形成過程についても詳しく紹介している。また、各論にあたる「第Ⅲ編 国内環境法」でも、1962年のばい煙規制法など、初期の環境法がもっていた限界について説明している。北村（2011a）では、歴史についての独立した章は設けられていないが、「第1部 総論」の「第1章 環境法の学習にあたって」では、「Ⅵ. 環境法と歴史」で歴史理解をもつことによって「法の役割と機能」を見出すという、法社会学的、法政策学的な視点の重要性を強調している。また第1章の「Ⅴ. 環境法と開発法」で開発法との関連性を考察することの重要性を説明している。そして「第2部 各論」では、環境基本法、循環基本法、環境影響評価法、水質汚濁防止法、大気汚染防止法、土壌汚染対策法、廃棄物処理法等の各分野の主要な法律が制定される前の前史をそれぞれ取り上げ、制定までの経緯と背景を説明している。とくに、最初の環境法である水質二法については、北村（2011a）でも比較的詳しく経緯を説明しているが、その副読本にあたる北村（2011b）では制定の契機となった本州製紙江戸川工場事件と当時の社会的背景、法に内在する問題点とその後の1970年水質汚濁防止法に至る展開を詳しく説明している。

以上、公害史、環境社会学、環境政治学、環境法学において日本の資源環境問題、政策の歴史がどのように扱われてきたかを概観した。資源環境政策

駆的な取組みとして再評価されている。資源論における再評価が、平野（2003）の一部を引き継いでいると考えることもできる。資源論についてはSato（2013）も参照。資源論と環境政策の関係については、寺尾（2015a）で検討している。

の形成過程については，いずれの分野でも関心が高いとはいえない。とくにその初期の形成過程については，通史的な記述においては歴史的事実としては必ず言及されるが，考察の対象として取り上げられることは例外的であった。

内水・村尾（1971）は，宇井たちの公開自主講座「公害原論」の初期と同時代に発表された重要な政策史的研究であるが，今日まで資源環境政策の形成過程の研究史の中に十分に位置づけられていない。その内容から見て，上記の分類では「公害史」としてとらえられるべきかもしれない。著者の内水護と村尾行一は当時，それぞれ地学と林政学の若手研究者であった。内水と村尾は，明治期の足尾鉱毒事件から同時代の高度経済成長期の公害対策までの行政府，立法府，経済団体等の動きを議事録等の一次資料を用いて分析し，「公害政策史」としてまとめている。内水と村尾は公開自主講座「公害原論」の宇井たちと交流があったとみられ，影響が考えられるが，その視点は独特なものである。

内水と村尾は「戦後の公害立法はいつも後手々々で，『世論』・運動におされて政府－官僚がやむなく妥協的に制定したもの，だから，あれこれの公害立法は『世論』・運動の一定の成果として獲得したもの，というハナシをよくきくが，これはどうも"二〇世紀の神話"と思えてならない」と述べる（内水・村尾1971, 109）。そして，1958年の水質二法と1962年のばい煙規制法の制定過程をそれぞれ取り上げて，一次資料を用いた分析を行った。水質二法の場合では，第2次世界大戦後の1951年に資源調査会が出した「水質汚濁防止に関する勧告」からずっと省庁間で水質汚濁に関する規制法をめぐる調整が続いていたことを明らかにし，1958年の本州製紙江戸川工場事件によって突貫的に法案が作成されたのではなく，長い交渉過程で準備された法案が事件を契機に実現したことを明らかにした[8]。ただし，制定された水

---

8) 北村（2011b, 45）は，水質二法の制定過程について「ところで，浦安事件（本州製紙江戸川工場事件の別名：引用者）が発生したのが6月で，水質二法が制定されたのが

質二法やばい煙規制法の内容については，それ以前に東京都などの地方自治体で制定されていた，より厳しい規制を含む条例の適用をむしろ妨害するものであったとして，厳しく批判している。内水と村尾は，経済官僚により，公害規制法として立法された法制度が産業高度化政策の一環にすり替えられたと主張する[9]。さらに，内水と村尾は，戦前の1939年の「改正鉱業法」が成立した過程を分析し，鉱害による被害の賠償に対する無過失責任制の採用等，被害者の救済に先駆的な内容を含んでいたことを明らかにし，戦後の水質二法やばい煙規制法は，むしろ1939年改正鉱業法よりも後退した内容であったと主張している。

内水・村尾（1971）は日本の初期の資源環境政策の形成過程を取り上げた先駆的な研究といえるが，政策研究の専門家ではなかった内水と村尾は，以後このような研究を行っていないし，問題意識を引き継いだ研究はほとんど見当たらない。本書に含まれる共同研究は，その問題意識を少しでも継承することをめざすものである。

以上，日本の環境政策についての歴史的な考察をレビューすることによって，初期の政策形成過程に関する考察の必要性を再確認した。第1節から第4節まで，環境政策とかかわるいくつかの要素を取り上げたことによって，

12月というように，法案作成はかなりの『突貫工事』だったように推測されます。政治状況を考えれば，とにかく制定することが重視されたのではないでしょうか。そうしたことから，関係者の間でとりあえず合意できる範囲で制度化されたように思われます。そうなると，規制される側の利益を代表すると考えられる経済官僚は，いわば『拒否権』を持つことになります。内閣提出法案の場合は，すべての省庁が賛成しなければならないからです。当時は，政治的にも，環境価値が重視されてはいませんでした。そこで，法律の内容は，必然的に緩くなったのです」と述べて，制定の背景を推測している。

[9] 「（前略）官僚——とくに経済官僚がどんなにススンデルかはわかってもらえたと思う。だが，私どもが一番舌をまいたのは，彼ら官僚がススンデルことではなく——これはいわば当たり前のこと——彼らが公害規制立法をスラリと産業高度化政策の一環にすりかえた，その腕のサエになんだ。骨抜きだ，なんて批判はとんだ見当はずれだ。（中略）ザル法という批判もほぼ同様。しかも，あんな法律がザル法でなくて水ももらさずガッポリ汲上げるバケツ法だったら，とてもおそろしいことになっているはずだ」（内水・村尾 1971,126-127）。

初期環境政策の形成過程にかかわる議論について紹介した。本章で取り上げたそれぞれの要素についての議論はさらなる検討が必要とされる。

第5節　本書の構成と論点

　以下，第1章から第5章までの各章の内容を要約する。個々の論文は各論を扱い，独自の論点からそれぞれの課題を検討しており，制度，政策形成過程の「初期」のとらえ方も本章とは必ずしも一致しないが，全体としては以上に述べたような問題意識，すなわち後発の公共政策，およびそれにかかわる制度，組織であること，初期の形成過程に着目することにより，それらの経路依存性を明らかにすること，政治体制とその変動と形成過程との関連に着目すること，に基づいた共同研究の成果である。以下の各章では，後発国である中国と台湾の資源環境政策，東南アジアの資源管理組織の形成過程と，先進国であるアメリカ合衆国，オーストラリアの資源環境政策の形成過程を取り上げている。

5-1　各章の内容

　第1章「中国における環境公益訴訟と公衆参加——権威主義体制下での制度改革——」では中国における環境政策形成の過程で司法がはたしてきた役割を再検討する。中国は，共産党の一党支配による社会主義体制を維持しており，個人による言動や活動，さらには民間社会組織の活動に対して社会治安の維持やスパイ活動の取締まりという点から監視が行われている。また，国家によるマクロな経済コントロールにもかかわらず，地方レベルでは経済成長志向が強く，汚染企業が地方権力に庇護されることから，下からの参加や監督が権力から抑圧されることも少なくない。このような権威主義体制下の中国で環境公益訴訟がどのように行われ，それにはどのような役割と限界があるのか。またその中で，公衆参加はどのように行われており，その課題

は何か。本章では改正環境保護法での環境公益訴訟制度の導入を，法執行問題の解消に向けた制度改革ととらえ，その到達点と課題について，文献調査および実地調査によって明らかにした。改正環境保護法が施行された2015年には環境NGOによる環境民事公益訴訟が活発に提起され，行政処罰や刑事事件としての起訴を必ずしも前提条件としない，独自の公益訴訟が展開されている。しかしながら，環境公益訴訟を担うNGOがまだ多くないこと，また環境行政公益訴訟については，NGOが原告となることは想定されていないことなど，状況をボトムアップで解決していくには課題が多い。他方で，原告として環境公益訴訟に参加するNGOが限られているなかで，比較的新しく設立された地方のNGOが，情報公開データの監視や実地調査による汚染源の監視および科学的モニタリングをボランティアとともに行っていることは，新たな公衆参加の道へつながる可能性として注目される。

　第2章「台湾における廃棄物管理政策の形成過程――1974年廃棄物清理法を中心に――」では，台湾の初期の廃棄物管理政策において重要であった1974年の廃棄物清理法が制定された背景を検討する。水質保全，大気保全と並んで，廃棄物管理は環境政策の早い段階から対策に取り組まれた。台湾では，初めての中央政府レベルの環境法として1974年に水汚染防治法が制定された際，ほぼ並行して廃棄物清理法が制定され，続いて1975年に空気汚染防制法が制定された。まず，台湾の廃棄物管理政策の形成過程を，初期の一般廃棄物と事業廃棄物の管理を中心に概観する。続いて，廃棄物清理法の制定とその後の改正，制定時の問題点等を説明する。さらに，1974年の廃棄物清理法の立法過程でどのような議論があったのかを，立法院議事録等を用いて明らかにする。加えて，廃棄物清除法の立法過程を，同時期に成立した1974年水汚染防治法，1975年空気汚染防制法と比較し，その特色を明らかにする。さらに，行政側で初期の環境法の立案を行った行政院衛生署環境衛生處の役割を示し，法制度の形成過程における行政組織の重要性を明らかにする。

　第3章「アメリカ合衆国における環境アセスメントの誕生――『適正配

慮』を越えて——」は，初期の制度形成過程に着目することにより，環境アセスメント（環境影響評価）にまつわる，これまで答えられてこなかった基本的な問いに答えようとしている。世界で初めて環境アセスメントを法定したのは，アメリカ合衆国の国家環境政策法（NEPA）（1970年制定）であった。しかしモデルがなかったわけではない。その「直截的な先駆」といわれるのが，1934年の魚類・野生生物調整法（FWCA）である。FWCAは，ダム開発等を手掛ける開発官庁に対して，野生生物保全への配慮を求めた立法として知られ，たとえば，保全関連の行政機関と開発官庁とが協議することを求めていた。この協議要件の活用により，多くの大規模ダムに魚道が設置されたという。そして，1946年と1958年の改正を経て，FWCAの中身は強化され，ついには，野生生物保全が治水・利水と「同等の配慮を受ける」と定めるまでに至る。そこで本章では，FWCAが制定された背景事情や法改正の内容をとらえ，そのうえで，同法とNEPAの中身を照らし合わせるという作業を行った。その結果，遅くとも1958年までに，FWCAは，ダム開発等に際して野生生物保全への「適正配慮」を求める制度を確立していたことが明らかになった。しかしそうした制度は，環境アセスメントではない。なぜならNEPAが規定するように，環境アセスメントでは，そうした「適正配慮」義務を越えて，代替案検討要件が導入されているほか，省庁間協議を越えて，広く公衆参加の仕組みを定めるなどの，環境アセスメントならではの特徴が備わっているからである。このように，FWCAからNEPAへという長期の制度発展過程に着目することで，後者で初めて制度化された環境アセスメントなるものの本質がいくつも浮かび上がってきた。

第4章「豪州クライメート・コミッションの廃止と非政府組織としての再建の試み」では，温暖化対策では後発国であったオーストラリアにおいて，行政組織が廃止された結果，非政府組織として再出発し，政府組織の役割の一部を代替している環境NGOの事例を取り上げ，その意味と限界を考察する。オーストラリアでは，2007年12月以降，ケビン・ラッド（Kevin Rudd），ジュリア・ギラード（Julia Gillard）という労働党出身の首相のもと

で排出権取引制度をはじめとする気候変動防止政策が推進された。しかし，2013年9月の保守連合への政権交代によりトニー・アボット（Tony Abbott）が首相に就任するや，気候変動防止政策を取り巻く状況は一変する。アボットは首相在任期に労働党政権下での気候変動防止政策を次々と撤回したが，そのひとつがクライメート・コミッション（Climate Commission）という気候変動分野での啓蒙活動を行う政府組織の廃止である。その廃止後，クライメート・コミッションは1万人以上が参加したクラウドファンディングによりクライメート・カウンシル（Climate Council）という民間組織として生まれ変わった。そして，クライメート・カウンシルは，気候変動防止分野でオーストラリア最大の非政府組織に成長し，現在に至っている。この政府組織から非政府組織への転換が何をもたらしたのかを検討し，非政府組織化によりクライメート・カウンシルは活動の幅を広げ，当初の気候変動に関する啓蒙活動にとどまらず，オーストラリアの地方自治体の気候変動防止対策の支援も行うようになったことを明らかにする。アボットの意に反して，クライメート・コミッションの廃止は，オーストラリア最大の気候変動分野での非国家アクターであるクライメート・カウンシルとそれを支えるサポーターを生み出し，連邦政府の姿勢とは異なる地方自治体レベルでの気候変動防止政策を推進しつつある。政権交代により，前政権の政策が白紙撤回されていく例は少なくないが，そのような場合に国民は何をなしうるのか，政治家の意図を超えて何が生み出されうるのかを考えるうえで，ひとつの示唆を与える事例研究である。

　第5章「深い統治——東南アジアの灌漑と国家権力の浸透——」では最初期の資源管理制度の形成過程として東南アジア諸国の灌漑を取り上げ，その組織と制度の形成過程に国家権力がどのようにかかわったかを考察する。国家権力の拡張を論じるときに，しばしば論者が陥りやすいのが，国家権力と，それに抵抗する在野勢力という二項対立的な図式である。国家は警察や税務といった古典的な領域にとどまらず，福祉や教育などの領域で社会に深く入り込んできた。資源と環境の管理もまた，国家が社会と密接にかかわ

る領域として措定されなくてはならない。この章では，灌漑建設というインフラ事業を通じて，国家権力が地域住民に歓迎される場合に着目し，灌漑を介した国家権力の浸透メカニズムを読み解く枠組みの提示を試みる。東南アジアにおける大規模灌漑は国家主導の公共事業として，農業の近代化と歳入の確保に大きく貢献してきた社会基盤であるが，その維持管理が国家と社会の関係に与えてきた影響に光が当てられることは少ない。「維持管理」には，伐採，雑草駆除，草地の造成，流量測定器の設置や管理，堆積土砂の浚渫，ポンプ場の管理など多様な作業が含まれる。何よりも，そうした業務に継続的に従事する労働者の労務管理や資金調達の制度設計をしなくてはならない。維持管理の過程に注目すると，国家と社会は互いに敵対するのではなく，互いを必要とする相互依存の関係にあることがわかる。マイケル・マンのインフラ的権力（infrastructure power）の概念を援用し，国家が領域的ではなく，社会との関係において「深さ」のある権力行使をしていくさまを読み解く。インフラの維持管理がいっそう大きな課題として浮上してくるであろうアジアの未来に，国家―社会関係論は新たな枠組みを必要としていることを示す。

5-2　本章の議論と各章との関連

以上に要約した5つの章の各論と本章の議論とがどのように関連するかを，あらためて論じることにより，本章のまとめとしたい。

第1章（中国），第2章（台湾），第3章（アメリカ合衆国），第4章（オーストラリア），第5章（東南アジア）は，異なった分野，領域を取り上げているが，いずれも資源環境にかかわる政策，制度，組織の形成過程の「初期」に注目することを試みている。ここでいう「初期」とは，政策，制度，組織の形成過程を全体としてみたときに限らず，その各論としての個々の領域を取り上げた場合の初期である。したがって，第1章の中国，第4章のオーストラリアのように，最近の形成過程を初期として取り上げる場合もありうる。形成過程の初期に注目することによって，それぞれの政策，制度，組織の形

成過程において,経路依存性がどのように現れたのか,あるいは経路依存性がもたらす問題(権威主義体制等)がどのように克服されたかといった議論につなげることが可能となった。

　後発の公共政策,後発性に関しては,各章でその形成過程を取り上げている政策,制度,組織の領域による内容の違いはあるが,それぞれの章の中で論点として取り上げている。後発であることとは,他の政策,制度,組織の領域に対する相対的な順序,関連する他の領域がすでに存在するなかでの形成過程であることに注目する論点である。後発性の現れ方は,対象とする政策,制度,組織の特性だけではなく,政治体制との関連性から強く影響を受ける。そのことが各章の事例を並列することによって浮かび上がる。

　第1章の中国の事例は,権威主義体制下での法執行という制約の中で環境公益訴訟が直面する後発性の問題ととらえられる。第2章の台湾の事例では,権威主義体制下での環境法の形成過程が既存の経済開発政策とその転換に影響を受けるという,後発性の問題がみられる。第3章のアメリカ合衆国の事例では,環境影響評価(環境アセスメント)制度の初期過程を,代替案の検討義務に注目することによって,既存の開発政策に対する後発性が克服される過程として考察している。第4章のオーストラリアの事例では,相対的に遅れた政策領域であった気候変動防止政策を担う後発の行政組織が,政権交代という政治過程の影響を受けて,公的部門から民間部門へと移管される過程を分析している。

　第5章の東南アジアの事例は,第1章から第4章までとは大きく異なる領域を対象としているが,経路依存性,政治体制,後発の政策領域といった論点から,他章での議論と関連を見ることができる。第5章で取り上げる大規模灌漑は,その導入時点では新しいインフラ技術であり,技術変化に対応するため制度形成の過程を分析していると考えることができる。そこで引き起こされている変化は,資源の領域の拡大であり,資源に対する統治を通じた国家の社会への浸透の進展である。資源管理政策と環境政策は深く結びついており,資源管理の領域の拡大が環境という新たな政策領域を生み出した。

経路依存性が強く長期にわたって推移する過程では，初期の些細で偶発的な出来事がその後の過程，結果に大きな影響を与えている可能性がある。第5章は資源をめぐる国家と社会の関係が形成，変容する過程で，灌漑を通じた権力の拡張，集中という経路がつくり出された可能性を指摘している。

公共政策という公共財の提供は，国家・政府がその主要な主体である。しかし，公共財の提供を地域社会，市民社会が担う場合もある。政治体制の変化は，資源環境にかかわる政策，制度，組織の形成過程にも大きな影響を与えうる。第1章と第2章は，公的領域が権威主義体制下にあった場合の後発の政策領域での政策・制度の形成過程を取り上げている。第1章の中国の事例では，公衆参加の拡大がボトムアップによる下からの法執行によって権威主義体制の問題の一部を克服する可能性を論じている。第2章の台湾の事例では，権威主義体制下での部分的民主化が政策，制度の形成をうながす圧力となったと主張している。

第3章のアメリカ合衆国の事例では，環境影響評価制度の導入過程で公衆参加の確保が，後発の政策領域であることの克服にとって重要であったことを論じている。第4章のオーストラリアの事例でも，民主的な政権交代によって廃止された後発の行政組織が，市民の参加によって後継組織によって受け継がれ，その機能が継承されるという特異な事例が取り上げられている。第5章の東南アジアの事例では，新しい政策領域である大規模灌漑の管理の過程で，国家が地域社会によび込まれ，新たな国家－社会関係が構築される様子を描き出している。

以上，政策，制度，組織の初期形成過程，経路依存性，後発性，政治体制とその変動の影響という視点から，第1章から第5章までの議論を先取りして，本章と各章との，第1章から第5章までの各章の関連性を述べてみた。これらのキーワードの関連づけから，初期の形成過程に注目することによって長期にわたる変動の経路依存性を明らかにすることができること，後発性に注目することによって他の政策領域との関連性を明らかにできること，政治体制とその変動と関連づけることによって逆に後発性が形成過程に与える

影響がより明確にとらえられることなどが主張できる．本書の各章を合わせた全体として，これらの主張を一定程度は裏づけるような内容になっているとすれば幸いである．

〔参考文献〕

＜日本語文献＞
阿部泰隆・淡路剛久編 1995.『環境法　第3版』有斐閣.
飯島伸子 2000.『環境問題の社会史』有斐閣.
宇井純 1971.『私の公害闘争』潮出版社.
――― 1988.『公害原論　合本』亜紀書房.
――― 1995.「環境社会学に期待するもの」『環境社会学研究』(1):96-99.
――― 1996.『日本の水はよみがえるか――水と生命の危機　市民のための「環境原論」』日本放送出版協会.
――― 2002.「日本の公害体験」吉田文和・宮本憲一編『環境と開発――岩波講座環境経済・政策学 第2巻』岩波書店.
内水護・村尾行一 1971.『加害者としての国家――公害政策史』亜紀書房.
及川敬貴 2003.『アメリカ環境政策の形成過程――大統領環境諮問委員会の機能』北海道大学図書刊行会.
――― 2015.「ニューディールと保全行政組織改革――改革はいかにして始まり，そして頓挫したのか？」寺尾忠能編『「後発性」のポリティクス――資源・環境政策の形成過程』アジア経済研究所.
大塚直 2002.『環境法』有斐閣.
賀来健輔 2001.「日本の環境政策と政策形成過程」長谷川公一編『講座 環境社会学 第4巻――環境運動と政策のダイナミズム』有斐閣.
片岡直樹 1997.『中国環境汚染防治法の研究』成文堂.
環境庁10周年記念事業実行委員会編 1982.『環境庁十年史』ぎょうせい.
環境庁20周年記念事業実行委員会編 1991.『環境庁二十年史』ぎょうせい.
北村喜宣 2011a.『プレップ環境法　第2版』弘文堂.
――― 2011b.『環境法』弘文堂.
佐藤仁 2011.『「持たざる国」の資源論――持続可能な国土をめぐるもう一つの知』東京大学出版会.
立石裕二 2011.『環境問題の科学社会学』世界思想社.
寺尾忠能 1994.「日本の産業政策と産業公害」小島麗逸・藤崎成昭編『開発と環境

───アジア「新成長圏」の課題』アジア経済研究所.
─── 2003.「『日本の公害経験』はいかに伝えられたか」『アジ研ワールド・トレンド』(88)1月:18-21.
─── 2015a.「経済開発過程における資源・環境政策の形成──二つの『後発性』がもたらすもの」寺尾忠能編『「後発性」のポリティクス──資源・環境政策の形成過程』アジア経済研究所.
─── 2015b.「『後発の公共政策』あるいは『後発の理念』としての『環境』」寺尾忠能編『資源環境政策に関わる法制度・行政組織の形成と運用』(調査研究報告書) アジア経済研究所.
長谷川公一 2001.「環境運動と環境政策」長谷川公一編『講座 環境社会学第4巻──環境運動と政策のダイナミズム』有斐閣.
畠山弘文・新川敏光 1984.「環境行政にみる現代日本政治」大嶽秀夫編著『日本政治の争点──事例研究による政治体制の分析』三一書房.
平野孝 2003.「戦後日本環境政治史(序)──昭和24年の水質汚濁規制勧告をめぐる諸勢力の構想と対抗」『龍谷法学』36(1)6月:1-71.
宮本憲一 2014.『戦後日本公害史論』岩波書店.

＜英語文献＞

Congleton, Roger D. 1992. "Political Institutions and Pollution Control." *Review of Economics and Statistics* 74(3): 412-421.

Dryzek, John S.1997. *The Politics of the Earth: Environmental Discourses.* New York: Oxford University Press.

Hardin, Garrett 1968. "The Tragedy of the Commons." *Science* 162(3859): 1243-1248.

Meadowcroft, James 2012. "Greening the State?" In *Comparative Environmental Politics: Theory, Practice, and Prospects*, edited by Paul F. Steinberg and Stacy D. VanDeveer. Cambridge, Massachusetts: MIT Press.

Paehlke, Robert 1996. "Environmental Challenges to Democratic Practice." In *Democracy and the Environment: Problems and Prospects*, edited by William M. Lafferty and James Meadowcroft. Cheltenham, UK: Edward Elgar.

Pierson, Paul 2004. *Politics in Time: History, Institutions, and Social Analysis.* Princeton: Princeton University Press.

Sato, Jin 2013. "Towards the Dynamic Analysis of Resources." In *Governance of Natural Resources: Uncovering the Social Purpose of Materials in Nature*, edited by Jin Sato. Tokyo: United Nations University Press.

第1章

中国における環境公益訴訟と公衆参加
——権威主義体制下での制度改革——

大塚　健司

はじめに

　中国の環境政策の長年の課題のひとつは，「法に依拠せず，規定に従わず，法の執行が厳しくなく，違法を追及せず，権力で法に代える」という状況を解消し，地方レベルでの環境政策の実効性をいかに改善していくかという「後発の公共政策」（序章）が抱える法執行問題である。これに対して，政府，全国人民代表大会，報道機関の協調による上から下への監督検査活動が開始されたが（大塚 2002），問題の解消には至っておらず，その後も政府主導で全国的な監督検査活動が続けられた（大塚 2005）。さらに近年では，環境違法行為や不作為に対する党・政府幹部の責任を追及する問責制度が導入されるなど，党・政府が一体となって政治的な圧力による法執行問題の解決に力が入れられている（大塚 2015）。中国で環境法・政策を日常的に執行するのは中央・地方の各級政府と各級政府に設置された環境行政組織であるが，この法執行問題がなかなか解消されていないことは，上からの政治的圧力による対応の限界を示している。

　他方で，法執行問題について上からの取組みの限界を克服すべく，下からの参加や監督を促すアプローチ——情報公開と公衆参加——も合わせて模索されてきた（大塚 2005）。1992年にブラジルのリオ・デ・ジャネイロで開か

れた国連環境開発会議において採択されたリオ宣言の第10原則で情報へのアクセス，政策決定過程への参加，司法・行政手続きへの効果的なアクセスという3つの"access principles"（参加原則）が必要であるとされたが，中国でもこうした国際的な環境政策の潮流に呼応しながら，環境政策において情報公開と公衆参加が一定程度促進されてきた（大塚 2008a; 礒野 2016）。しかしながら中国は，共産党の一党支配による社会主義体制を維持しており，個人による言論や活動，さらには民間社会組織の活動に対して社会治安の維持やスパイ活動の取締まりという点から監視が行われている（大塚 2012）。また，国家によるマクロな経済コントロール下にあるにもかかわらず，地方レベルでは経済成長志向が強く，汚染企業が地方権力に庇護されることから，下からの参加や監督が権力から抑圧されることも少なくない（大塚 2008b）。

このような法執行問題を抱えるなか，25年ぶりに改正され，2015年1月1日から施行された改正環境保護法では，第5章として「情報公開と公衆参加」が新たに設けられ，第53条に，「公民，法人，およびその他の組織」が，「環境情報の取得の権利」「環境保護への参加」「環境保護への監督」の権利を有すると規定された（片岡 2014,12; 汪勁 2015）。

さらに改正環境保護法では，環境公益訴訟制度が新たに導入された（櫻井 2014; 王 2015; 王燦発 2016; 礒野 2016）。これにより，原告適格が拡大され，一定の条件を満たした「環境保護公益活動に従事する社会組織」（環境NGO）が各地の環境汚染や環境破壊に対する公益訴訟を提起することが可能となり，2015年の1年間だけでも30件以上の訴訟が提起された（王燦発 2016, 99-103）。これは，改正環境保護法第5章第53条で定められた上記の3つの権利と合わせて，リオ宣言第10原則が掲げた3つのアクセスの改善，ならびに中国の環境政策が抱えている法執行問題の解決がいかに進むかという点から注目される。

権威主義体制下の中国が抱える環境政策の法執行問題に対して，改正環境保護法で制度化された環境公益訴訟にどのような役割と限界がみられるの

か。またそのなかで，公衆参加はどのように行われており，その課題は何か。本章では改正環境保護法制下での環境公益訴訟制度の導入を，中国が環境政策の初期形成過程から抱えていた法執行問題の解消に向けた制度改革ととらえ，その到達点と課題について，文献調査および実地調査によって明らかにする。

以下，第1節で中国の環境政策における情報公開と公衆参加，第2節で環境訴訟の特徴についてそれぞれ述べる。次に第3節にて環境司法の専門化と環境公益訴訟の試行，続いて第4節にて改正環境保護法施行後の環境公益訴訟の展開について検討する。そして第5節にて環境公益訴訟における公衆参加の展開と課題について，環境NGOの役割に注目して検討を行う。最後に本章のまとめを行うとともに，今後の検討課題について述べる[1]。

第1節 中国の環境政策における情報公開と公衆参加

中国における環境政策は，1970年代から全国で深刻化しつつあった水汚染や大気汚染をはじめとする環境問題に対して，党・政府の指導幹部がその重大性を認識し，その意向を受けた関係行政部門が対応を始め，それが環境行政や環境法規の形成につながっていくというかたちで始動した（大塚2006）。すなわち，政策形成の初期段階では，日本や欧米民主主義国家のように，人々の問題解決要求の高まりを受け，政治・社会問題として環境政策に取り組まざるを得なくなったという発展経路をたどったわけではなかった。しかしながら，中国の環境政策の初期形成過程においても，日本をはじ

---

[1] 本章はアジア経済研究所の研究事業のほか，三井物産環境基金「アジア版オーフス条約に向けた提言――環境正義実現のための国際連携構築――」プロジェクト（2014～2016年度，代表：大久保規子・大阪大学教授）の助成を得て実施した現地調査および筆者が収集した関連資料に基づいている。また本稿の一部は，大塚（2017）で発表しているが，本稿はこれを大幅に加筆修正したものである。

めとする先進工業国の取組みを見聞していた一部の指導幹部の中に，環境政策の実効性を確保するためには，行政だけではなく，情報公開や公衆参加の役割が重要であるという認識があったこともまた事実である[2]。

中国は1949年以来，共産党の一党支配による社会主義体制を維持している。中国は建国初期の急進的な社会主義思想に基づく計画経済から，1970年代末から1980年代にかけて改革・開放路線へ転換を遂げ，その後，市場経済化のなかで法治国家の形成に向けたさまざまな制度改革を進めている（唐2001）。しかしながら現在に至るまで，一貫してその体制維持が最優先の政治課題となっている。中国の環境政策における情報公開と公衆参加を考える場合には，一方で一党支配による社会主義体制の維持，他方で市場経済化と諸制度の改革という2つの異なるベクトルの動向をみていくことが必要となる。

中国の環境政策において公衆参加が活発化するようになったのは，1990年代以降に，上から下への監督検査活動と環境保護キャンペーンが展開されてからである（大塚2002; 2005; 2008a）。環境法規と行政システムが整備されるにつれて，「法に依拠せず，規定に従わず，法の執行が厳しくなく，違法を追及せず，権力で法に代える」という法執行問題を解決し，地方レベルでの環境政策の実効性をいかに改善していくかが環境政策の大きな課題となっ

---

[2] 1980年に中央電視台（中央テレビ局）で放映された「工業経済と企業管理の基本知識講座」で当時の国務院環境保護領導小組弁公室副主任であった曲格平（後に初代国家環境保護局長）は，先進国が環境改善に成果を上げた要因として，(1) 人々が強く公害に反対したため，統治者がこれを無視できなくなり，一連の厳しい環境法規・基準が制定されたこと，(2) 厳しい環境法規のもと，工業界が無公害・低公害技術の研究に力を入れ，技術革新が促進され，環境改善と同時に資源・エネルギーの節約による生産効率の向上を実現させたこと，(3) 一定の経済的基礎があったこと，を挙げている（曲格平1984, 295-298）。また，1984年11月に開かれた国務院環境保護委員会第2回会議において当時副総理であった李鵬は，北京，天津，ハルビン，洛陽などの環境保護事業に関する報告を総括して，(1) 地方政府首長の強いリーダーシップ，(2) 環境汚染が深刻で大衆の要求が激しい問題に対する断固とした措置，(3) テレビ，ラジオ，新聞などのマスメディアを通した宣伝活動と大衆による監督，などの点を強調している（国務院環境保護委員会弁公室1988, 38-40）。

てきた。それに対して，党・政府主導で1993年から地方レベルでの環境政策の実施状況に対する監督検査活動が展開されるとともに，新聞，テレビ，ラジオといった主要メディアを通じての環境保護キャンペーンが促進されるようになった（大塚2002）。その環境保護キャンペーンが以下のように公衆参加を促進した。

　第1に，環境保護キャンペーンをとおして，地方レベルでの違法行為などの事件性のある報道が一定程度暴露されるなか，人々の環境問題への関心が高まり，環境行政部門に問題解決を求める声も増えていった（大塚2005）。全国の省級以上の環境行政部門に寄せられた環境問題に関する要求や提案の投書数の推移をみると，1990年代後半から増加を続け，2004年には60万通を突破した（中国環境問題研究会2007, 312-314）。近年では，環境行政部門への通報のための専用回線が設けられ，どこから誰でも24時間電話をかけることができるようになっており，さらにはスマートフォンをとおしてソーシャルメディア（SNS）のアプリケーションから，現場写真を含めて簡単に通報できるようになっている。2013年に全国の環境行政部門が電話，インターネット，投書および訪問によって受理した件数は121万3776件にのぼるという（王燦発・馮嘉2015）。

　第2に，政府部門とは別に，知識人有志らが自ら進んで環境問題の解決に取り組むためのボランティア団体を結成して，環境NGOとして活動を始める動きがみられるようになった（大塚2012）。後述するように，環境公益訴訟で重要な役割を果たしている自然の友（1994年設立）や中国政法大学公害被害者法律援助センター（CLAPV, 1998年設立），ジャーナリストが主体となって結成された緑家園ボランティア（1996年設立）もこの時期に設立されている。その後も，雲南省のメコン川上流域で活動しているグリーン・ウォーターシェッド（2002年設立），水汚染が深刻化する淮河流域の癌などの疾病が多発している村落で活動している淮河衛士（2003年設立），全国の自動環境モニタリングデータを地図形式で公表している公衆環境研究センター（Institute of Public and Environment Affairs: IPE, 2006年設立）など，多様

な環境NGOが活動を展開している。中国の草の根環境NGOは，中核的活動を担う団体代表個人，またはその代表を中心とした少人数のグループにより，実質的な運営がなされているが，自然環境の観察，工業汚染源の監視，訴訟支援など重要な活動の過程で多くのボランティアが参加していることが特徴である。民政部の統計によると，2013年末時点で全国の生態環境関係の社会団体は6636団体，民間非営利団体（民弁非企業単位）は377団体，合わせて7013団体にのぼるという。2007年には5675団体であった。この6年間で1000団体余り増加したことになる（李楯2016, 259）。ただし，これらは民政部門に登記ができた団体のみであると考えられる。学会の分科会（以前の自然の友）や大学の一機構（CLAPV）として団体登記をしながらNGOとして活動している団体を含めると，さらに多くなると予想される。

　このように環境政策への公衆参加が活性化するなかで，「社会の安定」としばしば言及されるように，一党支配による社会主義体制の維持のために情報統制，言論規制，団体規制が行われており，公衆参加の機会や方法は制約されている。

　第1に，社会的反響の大きい環境汚染問題に関する情報や発言について，公的メディアによる発信だけでなく，インターネットを通じた個人による拡散もコントロールされていることである。とくに近年ではミニブログ（微博）やウィチャット（微信）などのソーシャルメディア（SNS）がスマートフォンとともに急速に普及しており，公的メディアでは得にくい情報を入手したり，入手した個人が瞬時にフォロワーに拡散したりすることが容易になっている。SNSは日本同様，個人・団体だけでなく，公的メディアや政府部門によっても，情報発信や双方向のコミュニケーションツールとして活用されている。しかしながら，そうしたSNSでの発言や情報の拡散についても規制当局からシャットダウンされることがしばしばである。たとえば，2015年2月27日，年1回北京で開催される全国人民代表大会と全国政治協商会議（両会）を控えて，元CCTV記者の紫静が中国の動画サイトで「ドームの下で」という大気汚染問題を告発・啓発する長編ドキュメンタリーを公開

し，2日間で2億回を超える再生を記録するという大反響を得た³⁾。しかしながら，3月2日，両会開催の前日に公式メディアに対する報道規制が敷かれ，国内サイトからは関連する動画や文章が削除された。ドキュメンタリーの内容は政権批判を直接含むものではないものの，これを見た人々の不満が党・政府に向かうことを恐れて，規制当局が閲覧不可としたと推察される。また2016年には，北京市の気象災害対応関連条例案に大気汚染が含まれていることに対して，専門家を交えてSNSで激しい議論が展開されていたが，大気汚染を気象災害とすることで政府が責任逃れをしようとしているのではないかという批判の声が大きくなってくると，その議論はシャットダウンされるようになったという⁴⁾。

第2に，団体の登記や活動への規制，さらには社会的影響力のある個人・有識者による活動への監視が，環境政策において公衆参加を促進する際に重要な役割を果たしうる環境NGOや有志の活動の足かせになってきたことである（大塚2015）。中国でNGOを設立するためには，社会団体や民間非営利団体というかたちで民政部門に登記することが可能であるが，それには「業務主管単位」といわれるその問題領域を管轄する行政部門（たとえば，環境NGOであれば環境行政部門）の認可が大前提とされてきた。2013年から業務主管単位の認可は不要とされたものの，一行政区域一部門一団体という原則は変わっておらず，すでに環境NGOとして登記されている団体がある場合には，同じ行政区域・部門では設立ができない。また地方支部もつくることは認められていない。NGOの活動を保障するための法的枠組が望まれるところである。現在のところ，2016年3月に第12期全国人民代表大会第4回会議で採択され同年9月から施行された慈善法を受けて，社会団体登記管理条例，民間非営利団体（民弁非企業単位）管理条例，および基金会管理条

---

3) 2015年3月6日付けBBC中文網記事「特稿：柴静霧霾調査背後的政府与政治」による。
4) 2017年1月5日付けChina Digital Times記事（http://chinadigitaltimes.net/）による。

例の改正が検討されている[5]。また，2018年8月には社会組織登記管理条例の草案が民政部から公表されたばかりである[6]。

また2016年4月に，「境外非政府組織境内活動管理法」（いわゆる外国NGO管理法）が成立し，2017年1月1日から施行された。これにより，すべての外国NGOは公安部門に届け出が必要とされ，関係団体のなかには，そのために生じる事務・交渉コストをきらって撤退したものや，公安部門による恣意的な干渉があるのではないかと不安を感じているものがある[7]。

さらには直接的な活動への介入・圧力が挙げられる。たとえば，2015年10月に日本の大学教員やジャーナリストを含むグループが，ある地方の環境NGOをとおして環境汚染による健康被害が発生している地域を訪問していたところ，地元公安に追い出されたという[8]。また，*The Guardian* が伝えたところによると，5名の弁護士グループが北京，天津，河北省を相手取って，大気汚染への不作為と過失を訴えた。すぐに弁護士への圧力があるだけでなく，中心的な弁護士も3カ月以上拘束されたり，また弁護士への一斉取締まりの際にも拘束されたりして，裁判自体も受理の見通しがまだ立っていないとされる[9]。

中国の環境政策における情報公開と公衆参加は，権威主義体制のもと，政策の実効性を上げるべく政府主導で上から促進され，またそれに呼応するかたちで下からのボランタリーな取組みが活性化しながらも，その体制のもとで制約を受けるという特徴を有している。このような中国の権威主義体制下におけるNGOなどの環境運動の特徴を，ホーとエドモンズは「埋め込まれた環境主義」（embedded environmentalism）として議論している（Ho and

---

5) 2014年9月および2016年11月北京にて清華大学NGO研究所長王名教授からのヒアリング。
6) 中華人民共和国民政部2018年8月3日通知公告（http://www.mca.gov.cn/article/xw/tzgg/201808/20180800010466.shtml）。
7) 2016年7月，11月，12月，2017年8月に行った北京での関係者からのヒアリング。
8) 同年11月，北京および日本の関係者からのヒアリング・電子メールによる。
9) 2017年2月13日付け *The Guardian* 記事による。

Edmonds 2007)。それは,「市民社会に対して限定的で準権威主義的（semi-authoritarian）な政治的スペースの結果,断片的できわめてローカライズされた非対抗的な性質」をもつとしている。これは中国の環境政策が権威主義体制の維持のもとで形成されてきたためにみられる特徴であると考えられる。

第2節　中国における環境訴訟

　中国では1960年代から環境汚染被害を受けた農民が,加害者である汚染企業に対して汚染行為の停止を直接求め,それが聞き入れられないとなると生産設備を破壊したり,排水口をふさいだりといった自力救済活動が見られた（劉燕生1995, 15-18; 蔡守秋1999, 158）。そうした自力救済活動は文化大革命の当時,反革命破壊罪として取締まりの対象となった（王燦発2002）。文化大革命が終息し,そうした反革命破壊罪が撤回されるとともに,1979年に試行された環境保護法において,「公民は環境汚染・破壊を行う組織と個人について,監督,検挙,告発する権利を有する」とされ,環境訴訟の道が開かれた（王燦発2002）。それからの環境訴訟の状況については断片的な情報しか得られないが,たとえば,1998年から2001年までに全国の法院（裁判所）が審理した環境問題に関する刑事,民事,行政事件[10]は2万1015件にのぼるとされている（李恒運2003）。

　2000年代以降の中国の環境問題をめぐる訴訟の現状については,NGOとしての実践,大学教授としての研究,そしてそれらをふまえた立法過程への参画といった多方面で活躍している中国政法大学公害被害者法律援助セン

[10) 中国の訴訟は一般に刑事訴訟,民事訴訟,行政訴訟からなり,環境問題に関する訴訟（環境訴訟）もまた環境刑事訴訟,環境民事訴訟,環境行政訴訟からなる。また,訴訟のうち公益訴訟とは,直接の利害関係のない第三者が公益に対する侵害に対して提起する訴訟であり,環境問題に関する公益訴訟を,環境公益訴訟と表記している。さらに環境公益訴訟には,民事訴訟（環境民事公益訴訟）と行政訴訟（環境行政公益訴訟）がある。

ター長の王燦発教授が，蘇州大学法学院の馮嘉副教授と共同執筆した最近の論考が参考になる（王燦発・馮嘉 2015）。それによると，袁春湘氏が 2002 年から 2011 年までの 10 年間に全国の法院（裁判所）が受理した環境訴訟事件について行った分析結果として，10 年間に法院が受理した環境訴訟の一審件数は 11 万 8779 件，うち刑事事件が 8 万 1844 件，民事事件が 1 万 9744 件，行政事件が 1 万 5749 件であったという。そしてこの件数は，2013 年に全国の環境行政部門が電話，インターネット，投書および訪問によって受理した 121 万 3776 件に比べて，その 10 分の 1 に満たないこと，また，事件の類型からみて，検察が主導する刑事訴訟が 7 割近くを占めており，被害者を含む個人や組織が提起した民事訴訟や行政訴訟が少ないという環境訴訟の特徴を指摘している。さらに最近の状況については，李楯（2016, 276）が 2014 年に全国の法院が受理・結審した一審件数を紹介しており，受理された刑事事件 104 万件のうち環境汚染犯罪が 1188 件，一審が結審した民事事件 801 万件のうち環境資源の権利侵害に関する紛争が 3331 件と，それぞれ 0.1% か，それ未満であるとしている。

　このような環境訴訟をめぐる問題点として，王燦発・馮嘉（2015）は，①地方保護主義による不当な司法への干渉，②環境訴訟コストが高すぎること，③環境訴訟における挙証が困難であることを挙げている。①の例として，四川沱江の水汚染事故に多くの弁護士が環境訴訟に参加しようとしたところ，現地の司法行政部門が，弁護士は一切この事件の代理をしてはならないと通達を出したため，法院はこの事件の受理を拒んだという[11]。②については，訴訟費用のうち，とくに科学的な因果関係の証明が求められる際に巨額の鑑定費用が負担となっていること，それに加えて，環境訴訟は他の訴訟事件に比べて裁判の長期化がみられることなどを指摘している[12]。③に

---

[11] この例は『人民法院報』に 2014 年 9 月 17 日付で掲載された孫佑海による署名記事が情報源としてあげられている。

[12] 先述した袁による最高人民法院の統計分析によると，上海法院が受理した環境事件の審理期間は平均 103 日であり，平均審理期間の 2 倍ほどの長さとなっているという。

ついては，原告が自ら観測したデータに対して被告は疑義をはさみやすく，かといって行政の環境モニタリング機構にデータの提供を依頼しても，①のような地方保護主義のもとでは協力を得られることは見込めないとする。また，そもそも汚染物質の排出行為と被害の因果関係を科学的に立証することが困難な場合が多いと指摘している。

さらに櫻井（2014）は，「裁判実務における受理の実態」について，関連資料や雲南省中級人民法院でのヒアリング調査をふまえて検討するなかで，法院が「訴えを受理するか否かを判断する際には，問題の解決可能性という政治的な判断基準が入り込んで」おり，「自らが受理した案件が『社会の安定に影響』することを憂慮している」という問題を挙げている。そしてその背景には，中国の法院には，矛盾の解消とそれを通じて社会の安定を維持すること（社会効果），また裁判が共産党の執政党としての地位や基礎固めに有利であること（政治効果）が求められているという点を指摘している。

またStern（2013）は，中国の環境政策でみられる法治国家化に向けた動きは，必ずしも政治的自由化を意味するものではなく，権威主義体制のなかでの応答に過ぎないと論じている。このように，中国の環境訴訟の展開においても，前節で指摘したように，権威主義体制下で形成されてきた環境政策をめぐる法執行問題を抱えてきたことをうかがうことができる。

第3節　環境司法の専門化と環境公益訴訟の試行

2000年代に入り，環境訴訟が抱える諸問題を克服するための制度改革が活発化してきた。ひとつは，環境司法の専門化である（韓徳強 2015）。すなわち，従来の司法機能である民事，行政，刑事裁判に加えて，独立した環境裁判を扱う法廷をつくる動きが各地でみられるとともに，最高人民法院によってその動きが促進されている。

その先駆けが貴州省清鎮市人民法院生態保護法廷である。同法廷は2007

年11月に創設された[13]。貴州省の省都である貴陽市の水瓶，「両湖一庫」（紅楓湖，百花湖，阿哈水庫）（水庫はダムの意）でのアオコの大発生など水汚染問題への対応が迫られるなか，行政の縦割りの弊害を超えるべく，両湖一庫管理局，両湖一庫環境保護基金会とともに，紅楓湖のほとりに環境保護法廷（現在の生態保護法廷）が設置された。この法廷では，清鎮市は貴陽市に属する県級市であるものの，同市のみならず，貴陽市の10区・県・県級市に加えて，2014年からは安順市と貴安新区での環境事件を管轄することができるようになった。また，事件の種類としては，民事，行政，刑事を含むあらゆる環境事件を扱うことができる。さらに，専門家諮問委員会委員や専門家陪審員として専門家の審判への参加や，因果関係や損害賠償についての専門家への委託調査も制度化されている。

　このような環境裁判所は，形態や機能は必ずしも同一ではないものの，貴陽市・清鎮市のみならず，省内各地や省外では無錫市，昆明市，重慶市などにおいても設置が進められた。また，最高人民法院にも2014年7月に「環境資源審判廷」が設置された。その後，最高人民法院が公表した環境資源審判廷の設置状況によると，2015年11月時点で全国24省・自治区・直轄市の人民法院に環境資源問題を専門に扱う法廷（環境資源審判廷，合議廷，巡回法廷）が456設置されているという（王燦発 2016, 109）。清鎮市人民法院生態保護法廷の例のように，環境裁判所は行政の管轄地域と管轄部門の枠を越えた環境紛争解決の仕組みとして注目される。

　環境訴訟に関するもうひとつの制度改革の動きが，環境公益訴訟の導入である。環境公益訴訟とは，環境汚染や環境破壊に対して，必ずしも被害・影響を受ける直接の当事者ではないNGOなどが，訴訟をとおして問題解決を図ろうとするものである。中国では，このような草の根レベルでの環境公益訴訟の動きはメディアの注目を集めてきたものの，ほとんどが裁判所に受理

---

13) 設立当初は「環境保護法廷」であったが，中国共産党第18回全国人民代表大会にて「生態文明建設」が提唱されたのを受けて，「生態保護法廷」と改称されたという。

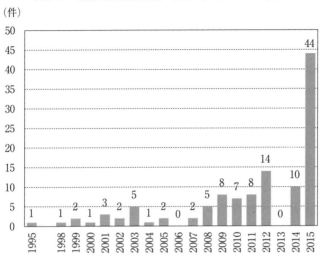

図1-1 環境公益訴訟件数の推移（1995～2015年）

（出所）李楯（2016, 261-276）より筆者作成。
（注）法院が受理したものを対象とした。

されないままであった[14]。

図1-1は，不完全な統計であるが，1995年以降の環境公益訴訟の件数の推移を示したものである。改正環境保護法が施行される前の2014年までに法院が受理した環境公益訴訟は延べ72件であり，全体として低調な状況が続いてきた。このような状況のなかで，2012年8月に民事訴訟法が改正され，「環境汚染，多数の消費者の適法な権益を害するなど，社会公共利益を害する行為に対し，法律で定める機関と関係組織は，人民法院に訴訟を提起することができる」（第55条）として，初めて環境公益訴訟に関する規定が定められた（王2015）。その施行を控えた期待もあってか，2012年には14件が法院に受理されたが，2013年1月の施行後は，逆に受理件数ゼロとい

---

14) 2011年に自然の友，重慶緑聯が原告となって提訴した雲南曲靖クロム廃渣汚染事件は，曲靖市中級法院に受理されており，草の根NGOによる環境公益訴訟の第1号とされている（2016年11月，自然の友ヒアリング）。

表1-1　環境公益訴訟の原告と訴訟受理件数

原　告	1995〜2014年	2015年
社会組織（NGO）	17	37
検察機関	25	7
行政機関	28	0
個　人	6	0
合　計	76	44

（出所）　李楯（2016, 255-276）より筆者作成。
（注）　法院が受理したものを対象とした。1995〜2014年までの件数は共同原告の場合，重複カウントされている。

う結果となってしまった。これについては，民事訴訟法で規定された原告となることができる「法律で定めた機関と関係組織」のうち，「関係組織」の範囲が不明確として，法院は受理を拒否した（王2015）ということのほか，環境NGOの慎重な態度，法院の環境公益訴訟に対する保守的な態度もまた背景にあるという指摘もある（李楯2016, 259）。また改正環境保護法の施行前の原告をみると，行政機関が28件，検察機関が25件と合わせて53件が公権力機関による訴訟であり，NGOによるものは17件，個人によるものは6件にとどまっている（表1-1）。李楯（2016, 258）によると，行政機関および検察機関が提起した環境公益訴訟はすべて勝訴しているのに対して，NGOが提起した訴訟17件については，5件が和解，6件が勝訴，1件が却下，1件が審理中，他4件は不明となっており，また個人が提起した訴訟6件については，1件が勝訴，残り5件は敗訴となったという[15]。

その後，図1-1にみるように，環境公益訴訟は，改正環境保護法が施行された2015年の1年間で44件が法院に受理されている。改正環境保護法

15）なお被告については行政機関が8件，「環境汚染・生態破壊者」が64件とされているが，「環境汚染・生態破壊者」がどのような組織・個人の構成なのかについては明らかにされていない（李楯2016, 258）。

では，民事訴訟法では明確な規定がなかった「関係組織」について，環境汚染や生態系破壊に対して一定要件を満たす「社会組織」（NGO）による民事公益訴訟を認める規定を定めた。その要件は，①区を設置する市級以上の人民政府民政部門に法に基づき登記していること，②もっぱら環境保護公益活動に連続して5年以上従事し，かつ違法記録がないこと，である（王2015; 2016; 櫻井 2014）。さらにこの改正環境保護法の施行を受けて，最高人民法院が2015年1月に告示した司法解釈によって，「社会組織」には社会団体，民間非営利団体，基金会が相当することや，違法記録についての要件などが明確にされた[16]。この要件を満たす社会組織は全国で700以上あるとされている（王2015; 李楯 2016, 262）。

さらに，最高人民法院の司法解釈によって，行政区域を越えて環境公益訴訟を提起できること，社会組織が訴訟を提起する際の訴訟費用，鑑定費用，弁護士費用の負担を一定程度緩和することが定められた（王2015）。こうして社会組織を主体とした環境公益訴訟の道が開かれた。

このほか，環境訴訟の現状を改善するうえで注目すべき立法動向として，侵権責任法（不法行為法）の施行が挙げられる（王燦発・馮嘉2015; 櫻井2014）。侵権責任法は2010年7月1日に施行された。これにより，環境汚染による不法行為の成立要件として，加害者の無過失責任原則と因果関係の立証責任の加害者への転換が明記され，原告の負担軽減措置が制度化された。しかしながら，実際の裁判では，被告の汚染物質排出行為に違法性がみられないことや，原告が因果関係の証明に失敗したことを根拠に，原告の訴えを退けることが起きているという。2015年に改正された環境保護法では民事責任の独自規定が定められておらず，この侵権責任法が根拠とされている（片岡2014）。王燦発・馮嘉（2015）は，環境不法行為の成立要件については，追加的な立法措置や司法解釈をとおして，より具体化していくことが必要で

---

16) 最高人民法院の司法解釈によると，違法記録とは，業務活動に従事して法律，法規，規定に違反して行政・刑事処罰を受けたことを指すとされている。

あると指摘している。

さらに 2015 年 4 月 15 日に最高人民法院が「人民法院の立案登記制度改革に関する意見」を発布し，この「意見」は 5 月 1 日から施行された[17]。これは法院の恣意的な裁判の不受理を防ぐための制度改革として評価されている[18]。

第 4 節　改正環境保護法施行後の環境公益訴訟の展開

改正環境保護法が施行された 2015 年の 1 年間における全国の環境公益訴訟について，訴訟を担う NGO が中心になってまとめた総括報告書（李楯 2016）によると，44 件が法院に受理・立案され，うち 37 件が社会組織（NGO）によるもの，残り 7 件が検察機関によるものとなっている（表 1-1）[19]。

社会組織による訴訟は 14 の省・直轄市・自治区にまたがっている。この 37 件の地域分布は，江蘇（11 件），貴州（8 件），山東（4 件），福建（4 件），海南，遼寧，湖南，北京，寧夏，浙江，河南，安徽，天津，四川で各 1 件となっている。そのほか，社会組織により提訴された 16 件の環境公益訴訟がまだ立案されていなかったが（李楯 2016, 264-266），その後，2017 年末までの間に，NGO による環境公益訴訟のうち新たに法院に受理・立案されたものは少なくとも 51 件にのぼっている[20]。

このように訴訟が全国各地に広がりつつある反面，原告となる社会組織については偏りがみられる。2015 年に社会組織により提訴された環境公益訴

---

17) 2015 年 4 月 15 日付け最高人民法院網記事（http://www.court.gov.cn/zixun-xiangqing-14151.html）による。
18) 2016 年 11 月山東大学法学院張式軍教授へのヒアリング。
19) このなかには 1 件の訴訟を複数事件に分けて審査されているものもあり，また当初 1 件であったものが 2 件に分けられたものも重複カウントされていることから，表 1-1 ではそれらを整理して 37 件としている。
20) 自然之友「環境公益訴訟簡報」2016 年および 2017 年の各月版より筆者集計。

表1-2　環境公益訴訟を提起した社会組織（NGO）

自然の友	重慶緑色志願者聯合会 *
緑発会	広東省環境保護基金会 *
（中国生物多様性保護・緑色発展基金会）	河南省企業社会責任促進中心 *
中華環境保護聯合会	安徽省環境保護聯合会 *
福建緑家園	緑色瀟湘 *
清鎮市生態環境保護聯合会	紹興市生態文明促進会 *
貴陽公衆環境教育中心	江蘇省環境保護連合会 *
中国紅樹林保育連盟	重慶両江志愿者服務発展中心 *
大連市環境保護志願者協会	広東省環境保護基金会 *
湘潭環境保護協会	益陽市環境・資源保護志願者協会 *
緑色浙江 *	（計20団体）

（出所）　李楯（2016），自然之友「環境公益訴訟簡報」2016年および2017年の各月版より筆者作成。
（注）　* は2016年以降に環境公益訴訟を提起した団体（計11団体）を示す。

訟53件（法院による未立案16件も含む）のうち，原告としては北京の団体のみの場合が最も多く39件，現地の団体のみが11件，北京の団体と現地の団体の合同によるものが3件となっている。また北京の団体については，緑発会（中国生物多様性保護・緑色発展基金会）（25件），自然の友（9件），中華環境保護聯合会（8件）の3団体しかなく（件数には合同原告の場合も含む），現地の団体については貴州（2団体計8件），福建（2団体計2件），遼寧（1団体2件），湖南（1団体1件）と4地域でみられるだけであり，合わせて9団体であった。さらに2017年12月までに環境公益訴訟を担うNGOとして新たに11団体が加わっており，その内訳は重慶（2件），広東（2件），湖南（2件），北京，河南，安徽，浙江，江蘇が各1件（各1団体1件）であった（表1-2）。

先述したように環境公益訴訟の原告要件を満たす社会組織は全国に700以上あるとされる（王2015, 65）。このように，実際に公益訴訟を担う団体が限られているのは，資金，専門的人材，訴訟事務能力の不足のほか，要件を満

たしていても環境公益訴訟に関心をもたない，あるいは地方における利害関係の複雑さから訴訟自体を躊躇する団体も少なくないとされる（王燦発2016，1106-1112）。

また，2015年の社会組織による公益訴訟の対象事案についてみると，水汚染が最も多く14件，つづいて水汚染と大気汚染などの複合汚染が8件，生態系破壊が6件，危険廃棄物違法処理が3件，大気汚染が3件，土壌汚染が1件，海洋汚染が1件，人文遺跡関連が1件となっている。水汚染，大気汚染，複合汚染を含めると，37件のうち26件と7割が環境汚染事件となっていることが特徴である（李楯2016，261-276）。

また，これらのうち，環境公益訴訟単独のものが大半を占め（24件），他方で訴訟前に行政処罰が行われたものが8件，刑事事件として起訴されたものが7件，うち行政処罰がありかつ刑事事件として起訴されたものが2件あった。また原告として社会組織だけでなく，地元環境保護局が合同で訴訟に参加したものが3件，地元検察機関が合同で訴訟に参加したものが3件となっている（表1-3）。

すなわち2015年の実績で見るかぎり，社会組織による環境公益訴訟は，環境行政による行政処罰や検察機関による環境犯罪の起訴の後になされたものよりも，それ自体単独で提起されたものが多く，必ずしも行政処罰や環境犯罪の嫌疑が必要条件となっていない。また環境保護局や検察機関との合同原告となった事件も多くはなく，社会組織による環境公益訴訟は環境法執行において独自の役割を果たす可能性が示された。

しかしながら，王燦発（2016），李楯（2016）による2015年の事例調査および筆者による関係者へのヒアリング調査によると，社会組織が起こした環境公益訴訟は，まだほとんどが開廷待ちか，審理過程にあった。2017年末までの時点で決着が確認されている19件のうち，判決による執行が確定したのは，福建省の森林破壊に対する訴訟，違法電気メッキ製造に対する訴訟を含む10件となっており，他の9件は和解による決着となっている。環境公益訴訟の原告団体によると，判決が出るのが望ましいが，問題解決という観

表1-3 2015年に社会組織が起こした環境公益訴訟と行政処罰・刑事訴訟

訴訟件数	37
環境公益訴訟単独の件数	24
訴訟前	
行政処罰した件数	8
刑事訴訟した件数	7
訴訟時	
環境保護局が合同原告である件数	3
検察機関が合同原告である件数	3
判決にて環境犯罪となった件数	1

(出所) 李楯 (2016) より筆者作成。

点から和解にも積極的に応じるという。また和解文書も公表されており，法的・社会的効力を有するものであるとしている[21]。

また，判決ないし和解後の執行状況について課題が指摘されている。環境公益訴訟においては，環境汚染・破壊行為の停止請求に加えて，原状回復のための賠償金が請求されており，判決・和解による決着を得た事件については被告から得た賠償金を生態修復費用に当てることが想定されている。しかしながら，その費用に関して誰がどのように管理・運用するのかについてはルールがなく，試行錯誤がなされているのが現状である。たとえば，基金会の下に特別基金を設けたり，地方の公益信託銀行に運用を委託したりする動きがあり今後の動向が注目される[22]。

上記のようにNGOによる環境公益訴訟については多くの課題があるものの，しばらくはNGOの敗訴がない状況が続いていた。ところが2017年に

---

21) 2016年11月緑発会および自然の友ヒアリング。
22) 同上。

入ってNGOを原告とする環境公益訴訟の初の敗訴が伝えられた。常州市外国語学校の土壌汚染問題に対し，自然の友と緑発会が共同原告となり，学校の敷地でかつて操業していた3社に対して，汚染責任と環境修復費用の負担を求めて提起した環境民事公益訴訟について，2017年1月25日に同市中級人民法院が原告敗訴の判決を下した。理由は，すでに現地政府が土壌修復事業を行っており，公益訴訟の目的は達成しているからとされている。敗訴によって原告には，189.18万元という巨額の訴訟費用の負担が求められた[23]。これに対し一審判決を不服として，2月7日に自然の友が，2月17日に緑発会がそれぞれ常州市中級人民法院に上訴した。両団体は一審判決後に専門家を交えた対策の協議を積み重ねてきた。上訴には，緑発会を筆頭に，自然の友が共同原告として，CLAPVと蘇州市工業園区緑色江南公衆環境関注センターが支持団体として名を連ねている。上訴のおもな内容は，土壌・地下水汚染の修復は未完である（よって一審判決の判断は誤り），汚染者負担の原則に則って，汚染3企業が処理・修復費用を負担すべき（もし現地政府の責任を指摘するのであれば現地政府も訴訟に参加すべき），公益目的の環境NGOが負担すべき訴訟費用としては異常に高すぎる（政府の汚染防止対策計画から算出したと推測されている）などが挙げられている。NGOらは最高裁まで争う構えである[24]。

そのほか2015年の1年間で，検察機関による環境公益訴訟が7件提起されている（李楯2016, 268-279）。2015年7月から全国人民代表大会常務委員会が検察機関に公益訴訟のパイロットプロジェクトの実施を委託しており，そのなかには環境汚染に関する公益訴訟も含まれている。対象地域は，北京，内モンゴル，吉林，江蘇，安徽，福建，山東，湖北，広東，貴州，雲南，陝

---

23) 2017年1月27日付け新華網記事「"常州毒地"一審——自然之友等環保社会組織敗訴」『中国青年報』による。
24) 2017年2月8日付け記事「自然之友就常州"毒地"案提起上訴」(http://mp.weixin.qq.com/s/xn-lMIF93_70ECcLPob1vA) による。その後，2018年12月26日に江蘇省高級人民法院が判決を下し，一審判決を退けた (http://www.cbcgdf.org/NewsShow/4857/7162.html)。

西，甘粛の 13 地域が指定された（李楯 2016, 267-268）。

　検察院による公益訴訟の位置づけについてはさまざまな議論がある（櫻井 2014, 174-177）。とくに，改正環境保護法の施行の過程で，行政公益訴訟の原告として社会組織を認めるべきかどうかについては，認めるべきとする研究者や NGO 関係者と，認めるべきでないとする司法行政関係者のあいだで見解が分かれていた。最高人民法院の改正環境保護法に関する司法解釈においても，環境行政公益訴訟が認められていない状況である（王 2015）。その後，検察機関によるパイロットプロジェクトをふまえ，2017 年 6 月 27 日に民事訴訟法と行政訴訟法が改正され，検察機関が環境問題を含めた公益訴訟の原告となることができると規定された[25]。これによって，当面は環境行政公益訴訟については検察機関がもっぱら担うことが明確になり，NGO の役割は，実質的に環境民事公益訴訟に限定されることとなった。

　他方で，先述したように環境民事公益訴訟においては社会組織が原告となり，検察機関が支持組織となっているケースもある。そのうち，自然の友と福建緑家園による生態系破壊に関する訴訟と，中華環境保護聯合会による水汚染に関する訴訟は，いずれも原告勝訴の判決が確定している（李楯 2016, 23-62; 自然之友「環境公益訴訟簡報」2016 年 12 月）。また，大連市環境保護志願者協会が大連日牽電機有限公司に対して，未処理の工業廃液を隠し配管を通して河川に垂れ流したことを訴えた環境公益訴訟では，大連市人民検察院が原告に加わり，和解が成立したが，そのなかで環境犯罪が認められた（李楯 2016, 77-81）。

　このような検察機関による環境公益訴訟の制度化と社会組織との連携がみられる一方で，民事事件において NGO による環境公益訴訟が思ったほど噴出していないという指摘がある[26]。たとえば，NGO による環境公益訴訟の

---

25) 最高人民検察院 2017 年 6 月 28 日公告（http://mp.weixin.qq.com/s/GTzVDH1jJJf5Vgw1gjkk7w）による。
26) 中国緑発会 2017 年 2 月 3 日付記事「"常州毒地"公益訴訟案討論会——我們需要把正確的事情堅持做下去」（https://mp.weixin.qq.com/s/41ZbL_AndnjIL6QUZGke7w）による。

件数は，2016年も前年に引き続き37件であったものの，2017年には立案・審理されたものは14件にとどまっており，しかもそれ以外に記事が確認できる2件については，審理中止または原告適格なしとして訴えが棄却されている[27]。

さらに2018年1月から生態環境損害賠償制度改革試行方案が試行された。これは，2015年11月に中国共産党中央弁公庁，国務院弁公庁が発布し，2016年4月から，吉林省，江蘇省，山東省，湖南省，重慶市，貴州省，雲南省の7省市でパイロットプロジェクトを展開してきたことを受けて，全国的な試行に至ったものである。この生態環境損害賠償制度改革試行方案では，省・市級政府が生態環境損害賠償の権利主体となることができると定められた[28]。これによって，環境汚染や環境破壊により修復が必要な生態環境を省・市政府が汚染・破壊者（個人・組織）に対して賠償請求ができるようになった。これに対して，省・市政府が請求する生態環境損害賠償とNGOが環境公益訴訟で要求する生態環境損害賠償との関係をどのように整理すべきかについて議論が続けられている[29]。この制度改革の動きについても今後，NGOによる環境公益訴訟の役割を限定する方向に作用しないかどうか，注視する必要がある。

第5節　環境公益訴訟を支援する環境NGOと公衆参加

環境公益訴訟へのNGOの関与は原告となることにとどまらない。たとえ

---

27) 自然之友「環境公益訴訟簡報」（https://tw.weibo.com/fonature）2017年各月版による。
28) 中華人民共和国中央人民政府2017年12月17日付け公告「環保部有関負責人解読『生態環境損害賠償制度改革方案』」（http://www.gov.cn/zhengce/2017-12/17/content_5247962.htm）による。
29) 中国緑発会「環境公益訴訟不同原告関係如何？今日緑会為你──解説（二）」（http://www.chinadevelopmentbrief.org.cn/org3499/news-6027-1.html）2017年11月25日。

ば，環境訴訟を専門に手がけるボランティア団体として先駆者である中国政法大学公害被害者法律援助センター（CLAPV）は，単独で環境公益訴訟を担うだけの十分な能力はあるものの，大学の組織であるため改正環境保護法で規定された民政部門への登記という要件を満たしていない。そこで各地の訴訟への法的支援（訴訟事件の発掘と選定，法律文書の作成，弁護士の派遣等）のほか，NGOの法務スタッフのトレーニングを通じたキャパシティ・ビルディングを行っている[30]。キャパシティ・ビルディングについては，米国天然資源保護協議会（NRDC）といった国際NGOもまた重要な役割を果たしている[31]。

また，山東省済南市に団体登記をしている緑行斉魯（済南市緑行斉魯環保公益服務中心）は，環境公益訴訟を担うNGOの実地調査や情報提供において側面支援を行っている[32]。同団体は，登記後5年以上という要件を満たしていないため，現在は原告となり得る自然の友などの北京の団体に対して，事件の通報・発掘，証拠収集，和解・判決後の環境改善・原状回復の進捗に対する監視といった側面から現地で支援を行っている。また，現地で通報や証拠収集を行う際に，ボランティアが重要な役割を果たしている。同団体はCLAPVらが主宰する環境NGOの第14期法務トレーニングに参加しており，その後も法律顧問弁護士2人がトレーニングに参加した。2016年11月に同団体の執行主任にヒアリングしたところ，設立経緯から訴訟に関する活動に至るまで，以下のように説明している。

　緑行斉魯は，2012年に設立し2015年に登記した。2012年に成立したときは，環境NGOは登記が難しいと聞いていた。そこでまず先に活動を始めようと，2名で執行部を立ち上げ，8名の理事とともに結成した。8名の理事はすべて山東省出身者で，大学の同級生や友達，その他省外

30）2014年9月ヒアリング。
31）2016年11月ヒアリング。
32）2016年11月ヒアリング。

でIPEや阿拉善SEE基金会等の団体で活躍していたり事業経験があったりする人たちである。2013年に社会組織の登記が簡素化されたのを受け，2015年に市民政局に登記した。その際に業務主管単位は通さなくてよかった。現在は，4名の専業スタッフ，2名の研修生，8名の理事（すべて省外），13名の顧問がいる。顧問は省内で何かあったときに会ってすぐに相談できる。企業経営や大学の先生をしており，環境問題に信望の厚い人々である。

　環境公益訴訟については，団体要件からすると，原告になれるまであと4年かかる。省内では，山東省環境保護基金会，環境科学会が要件を満たすが，環境公益訴訟については消極的なようだ。緑行斉魯は自然の友による環境公益訴訟を支援している。たとえば，東営市金嶺化工の訴訟事件では現地でボランティアとともに調査をした。省コントロールモニタリングデータはウェブ上で公開されており，それをもとに通報した。またボランティアが，自然の友のスタッフを現地に案内したり，サンプルを採取したり，写真を撮ったりした。和解の前に事件の審理内容に関する見解について，自然の友のスタッフと意見交換をしたこともある。さらには訴訟後の生態環境処理費用の使用方法について，山東省環境保護基金会のもとに特別基金を設置し，管理をすればどうか，提案したこともある。和解後の監督も重要な任務である。最近，訴訟の被告となった企業が煙突から煙を出しているのを発見し，通報した。その通報を受けて，地方政府から生産を停止させられた。山東省での通報は，電話，微信（Wechat），微博（ミニブログ）などのさまざまな方法がある。団体として今後，通報の追跡データベースを作成する予定だ。

　和解にも参加したが，形式的なものだと感じた。傍聴人が退出したあと，当事者や弁護人が裁判官とともに和解の内容について話し合った。その前に裁判官が原告，被告とそれぞれ話し合っていた。そこでだいたいが決まったようだ。和解については審理と同様に記録があり，決定文書は公開される。ただし議事録については認印を押したものの，内容は

見せられていないし，公開もされていない。

　そのほか，北京を拠点にしているIPEがネットを通じて公開している全国の重点監視企業からの廃ガス・廃水排出状況の1時間ごとの自動モニタリングデータを縁行斉魯は活用している[33]。また，自然の友や緑行斉魯は，訴訟前の調査においてスタッフやボランティアが収集したデータについて，大学や民間企業等の第三者機関に化学分析を委託しており，このような第三者機関の成長がボランティアによる調査をバックアップしていることがうかがえる[34]。

　天津市濱海新区に拠点を置く環境NGO，天津緑領（天津未来緑色青年領袖協会）は，環境公益訴訟に直接参加していないものの，興味深い活動を展開している[35]。天津緑領は2010年に同区で民間非営利団体として登記した。同団体は緑行斉魯同様，IPEの公開データをもとに地元政府が公開するオンラインモニタリングデータの不備をチェックし，政府部門に対して改善を求める活動を展開している。また，ドローンや大気（PM2.5）・水質（COD）測定装置を有しており，工場汚染源のモニタリングデータを独自に収集・分析する能力も備えている。さらに注目されるのは，大気汚染や水汚染による被害者に寄り添い，被害者と連帯すべく，被害住民らによる通報を支援したり，法的措置についてのワークショップを開催するといった活動を展開している。また，資金源として阿拉善SEE基金会の工業汚染対策プロジェクトのファンドを得ているほか，プロジェクトごとにクラウドファンディングを行うなど，インターネットを通じた資金調達にも力を入れている。同団体は専業スタッフ2名のほか，6名の実習生をボランティアとして受け入れており，そのほかプロジェクトの活動では十数名が常に参加している。ボラン

---

33) 2016年11月ヒアリング。通報にあたってはスマートフォンのSNSアプリも積極的に活用されている。
34) 2016年11月ヒアリング。
35) 以下，2016年12月天津にてヒアリング。

ティアは大学生が中心であるが，銀行に勤務している人もいるという。また必要に応じて研究機関の専門家からアドバイスを受けている。天津緑領は，弁護士の支援がないなどまだ環境公益訴訟を担う条件は備えていないが，実地調査で得た情報を，訴訟の原告を担うことができる NGO に提供することは可能であるという。

以上のように現時点で原告として訴訟を担うことができない各団体は，現地において側面支援の形で訴訟に参加するとともに，その過程でボランティアが関与するといった多様な方法で公衆参加が進んでいる。

おわりに

中国では近年の環境司法改革，および環境保護法改正によって，環境司法の専門化と NGO による環境公益訴訟の制度化が進んでいる。また，改正環境保護法が施行された 2015 年には，環境 NGO による環境民事公益訴訟が活発に提起され，行政処罰や刑事事件としての起訴を必ずしも前提条件としない，独自の公益訴訟が展開されている。しかしながら，環境公益訴訟を担う NGO がまだ多くないこと，環境行政公益訴訟についてはもっぱら検察機関が担う仕組みが試行されており，NGO が原告となることは想定されていないことなど，法執行問題をボトムアップで解決していくには課題が多い。また省・市政府が生態環境損害賠償を請求する制度改革が試行されており，これについても NGO による環境公益訴訟との関係の調整が必要となっている。さらに 2017 年に入って，NGO による環境公益訴訟の件数が前年，前々年に比べて 20 件以上減少している。

このように，NGO による環境公益訴訟の展開は，今後とも紆余曲折が予想されるところである。これらの背景については今後の検証が必要であるが，検察機関や行政機関といった国家権力が環境公益訴訟の役割の一部を担うことが制度として試行されていることは，中国の権威主義体制下での国

家と社会の関係を考えた場合，NGO の役割が限定されていく方向に作用する可能性があるだろう。このような動きは，中国の環境政策が権威主義体制下で形成されてきた結果の特徴として，「埋め込まれた環境主義」(Ho and Edmonds 2007)，あるいは「権威主義体制のなかでの応答」(Stern 2013) の枠内で理解することができる。このことは，法執行問題の解決に向けた制度改革もまた，権威主義体制の維持へと回収されるという経路依存性を有すると考えることができるであろう。

他方で，原告として環境公益訴訟に参加する NGO が限られているなかで，比較的新しく設立された地方の NGO が，情報公開データの監視や，実地調査による汚染源の監視および科学的モニタリングをボランティアとともに行っていることは注目される。環境公益訴訟が，こうした行動力のある NGO をとおして，各地方の有志をボランティアとして巻き込み，さらにはボランティアが一般の人々とつながることで，新たな公衆参加の道が開けつつある。

中国の権威主義体制のもとでは，党・政府の方針に反する，あるいはそれに触れるような「政治的に敏感な」問題については依然として監視・制限がなされている。しかしながら，NGO による環境公益訴訟が活発化して，そこに多くのボランティアが参加するようになれば，ボトムアップによる法執行の経験が人々のあいだに蓄積され，それがさらなる制度改革を推し進める潜在的な力となっていく可能性もあるだろう。そのとき，環境公益訴訟は「埋め込まれた環境主義」(Ho and Edmonds 2007)，あるいは「権威主義体制のなかでの応答」(Stern 2013) といった権威主義体制へと回収される経路依存性をこえた新たな協働解決の道へとつながる可能性を有している。

〔参考文献〕

<日本語文献>

礒野弥生 2016.「中国環境法における参加と環境公益訴訟の前進と課題」『環境と公害』 45(4):46-51.

大塚健司 2002.「中国の環境政策実施過程における監督検査体制の形成とその展開——政府，人民代表大会，マスメディアの協調」『アジア経済』43(10):26-57.

——— 2005.「中国の環境政策実施過程における情報公開と公衆参加——工業汚染源規制をめぐる公衆監督の役割」寺尾忠能・大塚健司編『アジアにおける環境政策と社会変動——産業化・民主化・グローバル化』アジア経済研究所.

——— 2006.「中国の環境汚染問題をめぐる政策の展開——政策実施体制の課題」『環境と公害』36(1):2-8.

——— 2008a.「中国の環境政策における公衆参加の促進——上からの『宣伝と動員』と新たな動向」北川秀樹編『中国の環境問題と法・政策——東アジアの持続可能な発展に向けて』法律文化社.

——— 2008b.「中国の地方環境政策に対する監督検査活動——その役割と限界」寺尾忠能・大塚健司編『アジアにおける分権化と環境政策』アジア経済研究所.

——— 2012.「移行期中国における環境運動——断片的な機会と限られた資源に対する戦略」柳澤悠・栗田禎子編著『アジア・中東——共同体・環境・現代の貧困』勁草書房.

——— 2015.「中国における環境災害対応と環境政策の展開——2005年松花江汚染事故をめぐって」寺尾忠能編『「後発性」のポリティクス——資源・環境政策の形成過程』アジア経済研究所.

——— 2017.「中国の環境政策実施過程における公衆参加の新展開——環境公益訴訟制度の導入」『環境経済・政策研究』10(1):48-51.

片岡直樹 2014.「中国環境法の現状と課題——改正『環境保護法』が示すもの」『環境法研究』(2):1-23.

櫻井次郎 2014.「中国の公害環境訴訟」『環境法研究』(2):169-192.

唐亮 2001.『変貌する中国政治——漸進路線と民主化』東京大学出版会.

中国環境問題研究会編 2007.『中国環境ハンドブック 2007-2008年版』蒼蒼社.

王燦発 2015.「中国『環境保護法』改正後の環境公益訴訟——新たな挑戦と展望」(曾天・大久保規子訳)『阪大法学』65(4):1095-1118.

汪勁 2015.「中国の2014年改正『環境保護法』と公衆参加の意義」(曾天訳)『環境と公害』45(1):58-64.

＜英語文献＞
Ho, Peter and Richard Louis Edmonds 2007. "Perspectives of Time and Change: Rethinking Embedded Environmental Activism in China." *China Information* 21(2):331-344.
Stern, Rachel E. 2013. *Environmental Litigation in China: A Study in Political Ambivalence*. Cambride: Cambridge University Press.

＜中国語文献＞
蔡守秋 1999.『環境政策法律問題研究』武漢，武漢大学出版社.
国務院環境保護委員会弁公室編 1988.『国務院環境保護委員会文献選編』北京，中国環境科学出版社.
韓徳強主編 2015.『環境司法審判区域性理論与実践探索』北京，中国環境出版社.
李恒運 2003.「環境保護離不開法官律師的広範参与」『環境法律実務研習班教程資料集　第3期』.
李楯主編 2016.『環境公益訴訟観察報告 2015 年巻』北京，法律出版社.
劉燕生編著 1995.『官庁水系水源保護・北京市自然保護史誌』北京，中国環境科学出版社.
曲格平 1984.『中国環境問題及対策　第三版』北京，中国環境科学出版社.
王燦発 2002.「中国環境糾紛処理及其処理的初歩研究」王燦発主編『環境糾紛処理的理論与実践——環境糾紛処理中日国際研討会論文集』北京，中国政法大学出版社.
王燦発編 2016.『新「環境保護法」実施情況評価報告』北京，中国政法大学出版社．
王燦発・馮嘉 2015.「中国環境訴訟的現状与未来展望」王燦発主編『中国環境訴訟——典型案例与評析』北京，中国政法大学出版社.

＜ウェブサイト＞
自然之友「環境公益訴訟簡報」2016 年各月版，2017 年 2 月〜3 月版
　　（http://f.lingxi360.com/m/PxA1h）2017 年 4 月 17 日アクセス.

第2章

台湾における廃棄物管理政策の形成過程

——1974年廃棄物清理法を中心に——

寺　尾　忠　能

はじめに

　台湾では1974年の「水汚染防治法」と「廃棄物清理法」，1975年の「空気汚染防制法」の制定・公布により，中央政府レベルでの資源環境政策にかかわる法制度の整備が始まった。しかし，それらの法制度は十分に機能せず，環境汚染の拡大を防ぐことができなかった。十分な成果を上げられなかった初期の資源環境政策に対しては，その制度と組織についても，その形成過程についても関心は高くない。しかし，必ずしも成果を上げられなかった政策・制度であっても，政策担当者のどのような関心から立案され，関係者のどのような利害から制度化が実現したかは考察に値する課題であろう。

　台湾の廃棄物管理政策は，その初期に公衆衛生政策から分離し，環境汚染を規制する政策の一部として構想され，制度化された。1974年から1975年の立法化をみると，廃棄物管理を担当する「廃棄物清理法」は，水質汚濁対策を担う「水汚染防治法」，大気汚染対策のための「空気汚染防制法」，騒音を規制する「噪音管制法」とともに，当時の4つの主要な公害への対策，規制法として構想されていた。騒音を規制する噪音管制法を除く3つの規制法は，1974年から1975年にかけて政府から立法院に法案が提出され，制定，公布された。

その後，廃棄物管理政策は有害廃棄物の越境移動の規制，一般廃棄物を焼却処分する大規模焼却炉の建設，資源の再利用・リサイクルの促進，政府が主導するリサイクル制度の確立等，さまざまな分野を取り入れ，環境汚染規制政策としての側面の重要性は相対的に小さくなっている。そうした廃棄物管理政策の変遷を受けて，近年の多くの政策研究の関心はリサイクル制度に集中している。本章では，水質汚濁規制，大気汚染規制，騒音規制といった他の環境汚染規制政策の初期の形成過程との比較を試みるために，初期の廃棄物管理政策がもっていた公害・環境汚染対策・規制政策としての側面に注目する。

　第1節では，台湾の廃棄物管理政策の形成過程を初期の一般廃棄物と事業廃棄物の管理を中心に概観する。第2節では，廃棄物清理法の制定とその後の改正，制定時の問題点等を説明する。第3節では，1974年の廃棄物清理法の立法過程でどのような議論があったのかを，立法院議事録等を用いて明らかにする。第4節では，廃棄物清除法の立法過程を，同時期に成立した1974年水汚染防治法，1975年空気汚染防制法と比較し，特徴を明らかにする。さらに，初期の環境法の制定時の問題点を浮かび上がらせる。第5節では，1974年，1975年の初期の環境法制定について，中央政府の最初の環境行政組織となった行政院衛生署環境衛生處が果たした役割を明らかにし，環境衛生處，さらには1982年に行政院衛生署内で環境衛生處を昇格させて設置された環境保護局の活動と法制度の整備に果たした役割を考察する。

第1節　廃棄物管理政策の形成過程

　中央政府の環境行政担当機関である行政院環境保護署は，その設立25周年事業として各部門の歴史をとりまとめている。おもに，廃棄物管理部門の通史である何舜琴（2008），頼瑩瑩（2012）などの記述や，初期に発行された白書である行政院環境保護署（1990）等を用いて，台湾における廃棄物管理

政策の形成過程を概観する。

　中央政府の独立した環境行政組織として行政院環境保護署が設立されたのは 1987 年である。それ以前の中央政府では，公衆衛生部門が廃棄物管理も担当していた。1971 年，内政部衛生處が昇格して行政院衛生署となり，公衆衛生部門が初めて独立した行政組織をもった。同時に行政院衛生署内に環境衛生處が設置され，環境衛生，屎尿処理・廃棄物管理，大気汚染・水質汚濁，騒音対策等の環境汚染対策も担当した。

　一方，中央政府と区域，行政分野が重なる部分が多かった台湾省政府では，1946 年に設置された衛生處，1955 年に設置された環境衛生実験所が，環境衛生，公害防止にかかわる行政と調査研究，指導などを担当した。その後，1962 年以降，中央政府直轄の台北市，台湾省政府以下の各県・市の地方政府にも環境衛生にかかわる部署が設置されていった。

　中央政府では，1982 年に行政院衛生署内の環境衛生處が環境保護局に改組され，環境保護政策が公衆衛生政策から分かれて，初めて独立した部局をもった。この時期，政治的自由化・民主化が進展して，「自力救済」と呼ばれる激しい反公害運動，環境保護運動が各地で頻発した（Terao 2002）。また 1987 年に行政院環境保護署が中央政府に設置され，環境保護政策を担当する機関が初めて独立した行政組織となった。

　廃棄物管理政策については，行政院環境保護署（1990）と張祖恩・蔣立中（1998）が，1990 年前後までについて，同様の時期区分を行っている。第 1 段階は，植民地支配が終結した 1945 年から 1971 年 3 月の行政院衛生署の設置までとされる。この時期は，上記のような行政組織の形成のほか，1968 年に台北市政府において一般廃棄物処理と屎尿処理の組織が統合されて，廃棄物による汚染対策の取組みも行われるようになったが，依然として主要な業務は環境衛生であった。またこれらの業務の根拠となる法制度は，国民党政権が台湾に移転する以前の 1928 年に制定された「汚物清除條例」のみであり，廃棄物管理は重要な政策課題とは考えられていなかった。廃棄物の発生量もまだ少なく，埋め立て処分が対策の中心であった。

第2段階は，1971年3月から1982年1月の行政院衛生署環境保護局設置までとされる。この時期，経済発展の加速による廃棄物の発生量の増大が顕著になり，廃棄物管理が重要な政策課題として浮上した。1971年3月に内政部から公衆衛生部門が行政院衛生署として独立し，その内部に環境衛生處が設置され，屎尿・汚物処理の指導，監督を行った。1974年7月，汚物清除條例に代わって廃棄物清理法が制定され，廃棄物管理政策の法的な根拠となった。この時期も廃棄物の主要な処理方法は埋め立て処分であったが，適切に処分されず不法投棄される廃棄物も多かった。そこで，増大する廃棄物の処理と不法投棄に対処するため，1980年に廃棄物清理法の第1次改正が行われた。

　第3段階は，1982年1月から1987年8月の行政院環境保護署の設置までとされる。行政院は1979年4月，「台灣地区環境保護方案」を通過させ，環境行政組織の整備を図り，1982年1月に行政院衛生署内で環境衛生處に代わって設置された環境保護局によって，環境保護政策が公衆衛生から独立した政策として取り組まれた。この間も廃棄物の発生量の増大は続き，政策課題としての重要性は高まった。廃棄物管理政策としては，「台灣地区區域性垃圾綜合處理計畫」「都市垃圾處理方案」等によって，処分場の不足が顕在化しつつあった埋め立て処分から中長期的に焼却処分へ転換する方針が決定された。各地での焼却炉の建設は，中央政府の重点建設計画である「國家12項重要建設計畫」のひとつに位置づけられた。またこの時期，「廃五金」と呼ばれる家電製品や電線等の廃棄物，メタル・スクラップから銅，金等の有用金属を回収する業者による不適切な処理と残渣の不法投棄による大気，土壌，水質等の環境汚染が深刻化した。材料である廃五金の多くはアメリカや日本等の先進国から輸入されていた。1985年に行われた廃棄物清理法の第2次改正により，それらの輸入規制や業者の専業区への集積による管理等の取組みが始まった[1]。

---

1)「廃五金」と呼ばれる金属スクラップの再生業と輸入については，寺尾（2005; 2008）

第4段階は，1987年の行政院環境保護署の設置以後とされる。行政院環境保護署は，廃棄物の焼却処分場の建設を推進した。事業廃棄物については，産業部門を管轄する経済部工業局でも技術指導等の取組みが行われた。行政院環境保護署と経済部工業局との共同で工業区内の事業廃棄物処理や再利用による排出削減等の取組みが行われた。

　1988年の廃棄物清理法の第3次改正では，資源リサイクルの推進による廃棄物排出量の削減が盛り込まれた。この改正以後，廃棄物管理政策はリサイクルの推進という新たな段階に入った。これ以後の廃棄物管理政策は，一般廃棄物対策としては大型焼却炉を各県・市（県と同格の市）に1カ所以上建設するという計画の推進と，リサイクルの促進が重要な課題となった。廃五金の管理については，段階的な輸入規制を経て，1993年1月に輸入が全面的に禁止され，国内で発生する金属廃棄物の適正処理と，過去に不法投棄された残渣の処理が残された課題となった。

　リサイクル制度については，ペットボトル，タイヤ，空き缶，電池，蛍光灯，自動車等，法律で指定した品目について，関係する業者に回収，処理責任を負わせ，民間企業による処理を管理する方式で始まったが，1996年以降は政府が設立した「資源回収基金管理委員会」が強制的に主導する方式に転換した。さらに，2001年には「資源回収再利用法」が制定・公布され，エネルギー資源とともに物的な資源の再生利用についても，その回収・処理の方式や市民参加，ゼロエミッションの目標等が定められた。本章では，資源リサイクルが政策課題として廃棄物管理政策に取り入れられる以前の時期を中心に考察するため，リサイクル制度の変遷の詳細については取り上げない。

　以上にみたように，台湾の廃棄物管理政策は1960年代に地方政府レベルで行政組織の整備が始まり，中央政府では1971年の行政院衛生署の設立から行政組織の整備が進んだ。中央政府レベルでの法制度としては1974年の

などで取り上げている。

廃棄物清理法制定が出発点である。しかし，当初の行政組織は公衆衛生部門の一部として設立され，その担当分野は環境衛生を中心としたものであり，廃棄物処理は公衆衛生上の問題としてとらえられていた。廃棄物の発生量が拡大し，その不適切な処理や不法投棄が環境問題として顕在化し，社会問題化したのは，1980年代以降とみられ，環境政策の一環として，廃棄物に由来する環境汚染対策を含む廃棄物管理政策への取組みが本格的に始まるのは，1982年に行政院衛生署に環境保護局が設置されて以降と考えることができる。

第2節 「廃棄物清理法」の制定と改正

廃棄物清理法は，1974年の制定時には全6章28条で構成されていたが，その後改正が繰り返されている。立法の目的は「廃棄物を清潔に処理し，環境衛生を改善し，国民の健康を護る」こととされている（第1条）。そして，廃棄物を定義し，一般廃棄物と事業廃棄物とに分ける（第2条）。一般廃棄物には，いわゆる生活ごみのほか，糞尿，動物の死体等を含む，汚染により環境衛生を脅かす固体あるいは液体廃棄物とされた。事業廃棄物とは，事業者が生産の過程で産出する残渣，汚泥，油，酸，プラスチックや化学物質の廃棄物である。放射性をもつ廃棄物は別の法規で規制されるため対象からは除かれた。政府が指定する「指定清除地区」（第3条）では，一般廃棄物についてはその回収，運搬と衛生的な処理の責任を執行機関（地方政府）が負うとされた（第6条）。また，その一般廃棄物の処理費用を，地区内の住民から徴収することを可能とした（第10条）。必要な場合には，執行機関は民営処理機構に回収・処理を委託することができる（第9条）。指定清除地区内で廃棄物の放置，投棄等の行為を禁止した（第11条）。事業廃棄物については，産出する事業者が自らあるいは民営処理機構に委託して処理する（第12条），と定めている。また，違反に対する罰金等の罰則を規定した（第18

条，第 19 条，第 20 条，第 21 条，第 22 条，第 23 条，第 24 条，第 25 条，第 26 条）。

　1980 年 4 月の第 1 次改正では，立法時に残されていた法制度として不完備であった部分を修正した。一般廃棄物処理を管轄し執行する台湾省，中央政府直轄市，各県・市等の地方政府の役割を明確化した。また，民営処理機構における専門技術人員の配置，設備の設置と，処理による汚染の防止について規定した。さらに，違反者への罰金を大幅に引き上げて，不法投棄等への対策とした。

　1985 年 11 月の第 2 次改正では，全面的に改定が行われ，条文が 28 条から 36 条へと増加した。事業廃棄物については，一般事業廃棄物と有害事業廃棄物（有毒性廃棄物，危険性廃棄物）に分けて管理することとした。複数の行政区域にまたがる一般廃棄物の連合処理機関の設立，処理設備の建設を可能にした。廃棄物による環境汚染について，水汚染や家畜の糞尿等を具体的に示し，規制を強化した。廃五金などの再生用廃棄物の輸入，輸出を管理する条文が加えられた。また，違反者に対する罰金が大幅に引き上げられた。

　1988 年 11 月の第 3 次改正では，長期にわたり堆積する処理困難物と有害物質を含む製品，容器類を指定し，生産者に回収，処理責任を負わせる条文が加えられた[2]。この改正により，リサイクルの推進，有害物質回収の取組みに法的根拠が与えられ，容器類，有害物質，プラスチック類，自動車等が回収されるべき品目として指定された。

　1997 年 3 月の第 4 次改正では，行政院環境保護署内に資源回収基金管理委員会を設立して，リサイクルの取組みを民間に委ねるのではなく，政府主導で行うように方針転換が行われた。以後，1999 年 7 月に第 5 次改正，2000 年 1 月に第 6 次改正，2001 年 10 月に第 7 次改正，2004 年 6 月に第 8 次改正，2006 年 5 月に第 9 次改正，2012 年 11 月に第 10 次改正，2016 年

2）湯徳宗他（1997, 18）によれば，1988 年の第 3 次改正におけるリサイクルの推進，有害物質回収の取組みは，環境保護運動団体と立法委員らの要請を採り入れたものであった。

12月に第11次改正が行われた。それらの改正では、台湾省政府の実質的な廃止を受けた初めての全国一律の施行細則の導入、リサイクル制度の改革、排出者・受益者の費用負担の拡大、違反者に対する罰則の強化等が行われた[3]。

制定時の廃棄物清理法は、それ以前の公衆衛生、環境衛生のための制度の延長という性格をもち、廃棄物の回収、清掃、処理により汚染の拡大を防ぎ、国民の健康を護ることをおもな目的としていた。処理困難物・有害物質の回収・処理や、再利用、資源リサイクル等による廃棄物の減量等の考え方はまだなかった。行政による一般廃棄物の回収・処理についても、指定清除地区に指定した地域のみにおいて責任を負うものであった。また、廃棄物処分場の立地の計画について、法的な規制や行政による管理を規定していなかった。

第3節　1974年廃棄物清理法の立法過程

廃棄物清理法は、1974年4月30日に立法院の院会（本会議）で「一読」が行われ、5月15日から6月27日まで内政委員会、司法委員会の合同委員会での審議が9回行われて修正を受けた後、院会に戻され、7月5日から7月12日に3回にわたり「二読」が行われてさらに修正を受け、7月16日に行われた「三読」で成立した。さらに同年7月26日に公布された[4]。

この法律は、行政院が提出した法案では当初「廃汚物清除處理法」とよばれていた。委員会と院会での修正を経て、最終的に「廃棄物清理法」という

---

[3] 台湾のリサイクル制度とその変遷については村上（2005）等、多数の研究がある。
[4] 台湾の立法院における法案の審議は、法案を議場で3度にわたって読み上げることで成立するという英国の議会と類似した方式が採られている。逐条修正を含むおもな検討は「二読」の過程で行われる。立法院における立法過程の手続きについては、周萬來（2008）を参照。

名称に改められる。廃棄物清理法は 2017 年 1 月までに 12 回の改正を受けているが，名称は制定時と変わっていない。法案からの法律名の変更は，1974 年の制定時の主要な論点のひとつであった。

1974 年 5 月 15 日の最初の内政・司法合同委員会で，政府を代表して行政院衛生署の顔春輝署長が「廃汚物清除處理法案」提出の理由と概要を以下のように説明した。

近年の経済的繁栄と人口増加，工業・商業の発達により，大気汚染，水汚染，騒音，廃汚物による汚染等の公害が発生しており，この 4 種類の公害を防ぐため，行政院衛生署は「空気汚染防制法草案」「廃汚物清除處理法草案」を作成した。水汚染防治法については，経済部が提出した法案が審議中であり，噪音管制法についても行政院衛生署で草案を作成中であった。

廃汚物清除處理法案の提出理由としては，廃汚物による水質や大気の汚染の拡大により対策が必要とされているが，1928 年公布の汚物清除條例では時間が経過して現状に対応できなくなっていることを挙げた。法案の内容としては，全 6 章 28 条のうち，第 1 章総則で目的，「廃汚物」の定義，主管官庁を示し，第 2 章で「一般廃汚物」の清除と処理，「清除地区」の範囲，執行責任，貯蔵設備，工具，処理方法などを規定し，第 3 章で「特種廃汚物」の清除と処理，その責任と衛生的な要求水準を規定し，第 4 章で「民営清除處理機構」の管理について規定し，第 5 章で罰則，第 6 章で附則を規定する，というものであった。

続いて司法部の次長から，法案第 5 章の罰則に関する規定と刑法との関係について説明があり，さらに一般廃汚物の実際の処理を担当する台北市政府環境清潔處の處長から台北市の状況と法制度の必要性について説明があった。内政・司法合同委員会および院会での立法委員たちからの質問は，主として以下のようなものであった。

水汚染，大気汚染，廃棄物管理，騒音等，個別の公害問題に対してそれぞれ対策法を制定して規制する前に，包括的な環境保護の基本法を制定するべきであると，複数の委員が主張した。さまざまな公害問題は相互に関連して

いるし，自然環境は一体性をもっているため，包括的な保護・管理が必要という考えである。基本法制定の必要性を主張する立法委員の多くは同時に，水汚染防治法は経済部，廃棄物整理法は行政院衛生署とするのではなく，公害規制法を一元的に担当する中央政府の省庁を設立するべきであると主張した。こうした主張に対して，政府側は先進諸国でも公害対策の基本法を制定している国はまだ少数であり，時期尚早であると応じた。また，中央政府における公害規制を一元的に担当する省庁の設立もこの時期には実現しなかった。

　法案の名称については，多くの立法委員たちが問題にし，最も長い時間をその修正に費やした。法案に含まれる「廃汚物」，とくに「汚物」という用語を多くの委員が問題視した。また，「清除處理」もわかりにくいと一部の委員から問題視された。顔春輝行政院衛生署長は，法案の名称についてはとくに根拠はなく，委員各位に議論していただきたいと発言した。荘進源環境衛生處長の説明では，「廃汚物」という用語は，法案における一般廃棄物を表す「廃物」と屎尿等を表す「汚物」を合わせた語であった。立法委員たちからは，1928年「汚物清除條例」から引き継がれた「汚物」は除いて，「廃物」あるいは「廃棄物」に改めるべきとの意見が多数出された。「汚廃物」とするべきとの意見もあった。法案の作成のためにどのような外国法が参考にされたかという質問もあり，おもに日本，アメリカ合衆国，英国の法制度を参照したとして委員会に資料も提出された。委員から，一般廃棄物と事業廃棄物（産業廃棄物）の区分等，最も影響を受けた日本法で「廃棄物」には「汚物」を含まれていることが指摘され，「廃汚物」は「廃棄物」に改められた。

　「清除處理」についても「清理」と修正するべきとの意見が出された。委員からさまざまな意見が出た後，1974年5月22日の第2回合同委員会で「廃物清理法」という名称に改めるという委員会案が1度は決定された。しかし，6月5日の第4回合同委員会に14人の立法委員らから，法案の名称を「廃棄物清除處理法」とする修正案が提出された。この案が採用され，委

員会案として院会に提出された。院会でさらに修正を受けて，最終的に「廃棄物清理法」として成立した。

また，一般廃棄物と事業廃棄物の区別についても，法案では「一般廃棄物」と「特殊廃棄物」とされていた。委員会での修正案では，法案にあった「特殊廃棄物」という用語が使われていたが，院会で「事業廃棄物」に修正された。

一般廃棄物について，執行機関が回収・処理の責任を負うのは，政府が指定した指定清除地区内だけである。政府は環境衛生上の必要に応じて，指定清除地区に指定し，公告する。指定清除地区はどのような基準で指定されるのか，委員会で質問があった。行政院衛生署の荘進源環境衛生處長は以下のように説明した。環境衛生の必要性から，都市部はほぼすべて指定されるが，山地等，人口が少なく環境衛生上の問題がみられない地域は指定されない。そうした地域も，今後の人口の増加により環境衛生の問題が発生した場合は速やかに指定されて，政府機関が一般廃棄物の回収・清掃の責任を負うとされた。

こうした説明に対して複数の委員から，どのような場合に指定清除地区に指定されるのか，たとえば人口の増加などの条件を明記するべきではないかとの指摘があった。この条文では語句の修正が行われたが，それらの修正意見はとり入れられなかった。

指定清除地区の条項は11回の改正を経た現行法にも残っている。廃棄物清除法の制定時には，山間部や農村部等，行政による一般廃棄物の回収・処理の必要がない地域や，一般廃棄物の回収・処理を担当する事業部門がまだ整備されていない地方政府も多かったため，指定した地域でのみの行政による回収・処理はやむを得なかったと考えられる。現在では指定されていない地域の方がむしろ例外的とみられるが，制度上は指定清除地区でのみ回収・処理が行われる仕組みは変わっていない。

廃棄物清理法の制定時には一般廃棄物処分場とは埋め立て処分場のことであった。台湾が埋め立て処分から焼却処分に転換するのはずっと後のことで

ある。法に規定された民営の廃棄物処理業者等が無秩序に埋め立て処分場を建設することを防ぐために，埋め立て処分場の建設についても規制するべきではないかとの指摘があったが，そうした意見はとり入れられなかった。

のちに1980年の第1次改正で問題となった，どのレベルの地方政府が一般廃棄物の回収・処理の執行機関となるのかが曖昧であるという問題も，立法化の過程ですでに指摘されていた。また，院会に送られてからの修正により，罰則・罰金の条項に加えて奨励措置が盛り込まれた。

以上にみたように，立法過程の最大の争点は法律名であり，法案の内容については重大な争点はあまりみられず，立法院での審議による最も大きな修正も法案名の変更であった。次節で検討する1974年水汚染防治法と1975年空気汚染防制法の立法過程と比べると，1974年廃棄物清理法の立法過程では重大な争点はみられなかった。台湾の廃棄物管理政策の大きな転換である埋め立て処分から焼却処分への転換はまだ検討されておらず，排出量の削減，資源循環，リサイクルの推進といった政策課題もこの時点ではまったく検討されていなかったことがわかる。

第4節　1974年水汚染防治法，1975年空気汚染防制法の立法過程との比較

1974年の廃棄物清理法は，同年の水汚染防治法，翌1975年の空気汚染防制法の立法過程と近い時期に制定され，その立法過程には共通する要因が多い[5]。これらの3つの環境法の立法過程を比較し，共通する要因を指摘し，

---

5) 1974年水汚染防治法の立法過程については寺尾（2015a），1975年空気汚染防制法の立法過程については寺尾（2015b）を参照。鄭（1984），Cheng（1993）では，改正を経た1980年代初めの時点についてではあるが，台湾の水汚染防治法，空気汚染防制法について，日本の法制度と比較しながら，問題点を指摘している。鄭（1984），Cheng（1993）は，廃棄物清理法は考察の対象としていないが，噪音管制法についても検討している。

廃棄物清理法の立法過程において他の2つの環境法と比較した特質を明らかにする。

廃棄物清理法案の審議における顔春輝衛生署長の発言などから，噪音管制法もこの時期に行政院衛生署を主管として立法化が構想されていたことがわかる。水，大気，廃棄物，騒音を合わせて「4大公害」ととらえ，それぞれの規制法の立法化が構想されていた。しかし，この時期に法案は立法院に提出されず，噪音管制法の制定は1983年となった。この時期に噪音管制法案が作成の準備をされていたにもかかわらず，なぜ立法院に提出されなかったのかは不明である[6]。

4-1　水汚染防治法，空気汚染防制法の制定時の問題点

1974年の水汚染防治法は，全28条で構成され，経済部を中央政府の主管機関として，おもに鉱工業からの排水の規制を規定し，排水基準の設定と規制の執行は台湾省政府と各県・市政府に委ねている。排水規制を実施する単位として「水区」が設定され，その区内では排水口の設置に許可が必要とされる[7]。

水汚染防治法は，1974年の制定時に法律実務の側面からもさまざまな問題があり，改正を繰り返して法律としての不備を改善していったが，ここでは法律実務的な細部については省略し，水質保全政策・制度の一部としての水汚染防治法が1974年の制定時から内在させてきた問題点を指摘したい。

まず，法の目的として，清浄な水資源の確保が第1に挙げられており，生活環境の維持と国民の健康増進がそれに続けて挙げられている（第1条）。中央政府の主管官庁は，1974年の制定時には，水資源管理を担当する水資

---

[6] 謝燕儒（2012b），荘（2013）によれば，1975年に行政院衛生署が民間に委託して実施した市民の環境保護に対する要望に関する調査では，騒音対策に対する要望が最も多かった。にもかかわらず，噪音管制法の立法化が遅れた理由は説明されていない。なお，荘（2013）は，荘進源（2012）を元に日本語で書き下ろされた，当時の行政院衛生署の担当官による回顧録である。

[7] 水汚染防治法と台湾の水質保全政策については，許永興（2012）を参照。

源統一規劃委員会が所属する経済部となっていた（第3条）。この点は，法の目的の最初に水資源の保全が書かれていることと合わせて，この法律が第1に水資源管理政策の一部として想定されていたことを表している。生活環境の保全と国民の健康という目的は，従来から存在した公共政策のなかでは公衆衛生政策に近い内容であったが，公衆衛生を担当する行政院衛生署は主管機関とされなかった。中央政府の主管機関については，1983年の第1次改正によって行政院衛生署に移管され，衛生署内に同時期に設立された環境保護局が水汚染防治法にかかわる政策を担当することとなった。1987年に行政院環境保護署が設立されて以後は，環境保護署が担当した。

水質汚濁に関する直接規制の中心となる排出基準は，中央政府ではなく，地方政府がそれぞれ決定すると，1974年の制定時には定められていた（第8条）。この規定を受けて，各地方政府がそれぞれの排出基準を決定したが，その水準は水質汚濁の拡大を防ぐには不十分なものであった。この規定は1983年の第1次改正によって修正され，中央政府が全国統一の排出基準を設定できるように変更された。しかし，その後も統一基準は設定されず，1986年の「緑色牡蠣事件」などの著しい水質汚濁事件が各地で頻発して政治問題化してから，1987年にようやく公布された。また，規制の執行は，台北市政府，高雄市政府と，台湾省政府の下の各県・市政府に委ねられていた。このように，制定時の水汚染防治法においては，中央政府は基準を自ら設定することも，排水の取締まりに責任を負うこともなく，国民の最低限の生活環境を守るという姿勢を示すものではなかった。これらの規定は，執行の遅れと実効性の低下を招いた重要な要因であった。

1975年の制定時の空気汚染防制法にはどのような問題が内在していたかを簡単に説明する[8]。まず，規制の対象として汚染物質が明記されているだけで，その発生源となる施設に対しては，法律にも施行細則にも明記され

---

[8] 空気汚染防制法と大気保全政策については，陳雄文（2000），謝燕儒（2012a）を参照。

なかった（第2条）。この点は，行政院衛生署が中央政府の主管機関となり，おもな固定発生源である鉱工業を担当する経済部と，移動発生源を担当する交通部は直接の主管機関とならなかったことと関係すると考えられる。

　排出基準は，国民の健康を守るために必要な基準として全国一律に設定，導入されるものとはならなかった。地方政府が設定する空気汚染防制区ごとに（第4条），それぞれの区域の状況に合わせて基準は設定されることになった（第6条）。また，中央政府は，地方政府が設定した区域とその中での排出基準を認定し，必要があれば自ら区域を設定し，排出基準を定めることができるように規定された（第4条，第6条）。また，空気汚染防制区の区域外では，第5条第1項に定める主管機関が許可しない燃料を販売，使用する者が3度警告されても従わない場合には，区域内よりも緩い罰則を適用する規定が盛り込まれた（第5条，第11条，第13条）。

　大気汚染物質を排出する施設の設置については届け出等の手続きは必要とされず，空気汚染防制区内で汚染物質を排出する固定排出源，移動排出源に汚染防止設備の設置と適切な防止措置を求めるよう規定した（第8条）。

　違反に対しては行為者と法人のみに罰則が適用され，法人の代表者には責任は及ばない規定となった。また，違反に対する刑事責任は空気汚染防制法では規定されなかった。

　以上のように，空気汚染防制法は1975年の制定当時にはさまざまな問題点があり，その多くは立法の過程で指摘されていた。

4-2　立法化の要因

　1974年に水汚染防治法が立法化された要因として，寺尾（2015a）は以下の3つを挙げている。第1に，立法院で部分的な選挙が行われることによって，部分的な民主化により台湾で新たに選出された立法委員たちが盛んに環境問題について発言し，政府の対策や法制度の整備を主張したことである。第2に，国際的な立法化の趨勢圧力である。アメリカ，日本，西欧諸国等先進国での環境政策の進展，さまざまな立法化が1960年代末から1970年代初

めにかけて進んだことの影響であり，立法院での審議でも，多くの立法委員や政府側の幹部，担当者らが，日本をはじめとする諸外国の状況や法制度について言及している。第3に，経済開発政策の転換である。1970年代前半の対外的な正統性の危機に対応して，政府は経済開発政策を転換し，国内の重化学工業化に本格的に力を入れ始めた。蒋介石から権力者の地位を受け継ぎつつあった蒋経国にとって，重化学工業化政策は台湾での権力基盤の強化にもつながっていた。重化学工業化政策のために，国内の重要な資源として水資源を保全し，繰り返し利用することが必要となり，水質汚濁を防止する政策への取組みが進められた。

1974年の水汚染防治法および廃棄物清理法と1975年の空気汚染防制法の立法過程を比較することにより，共通点と相違点が浮かび上がる。3つの法案の審議過程に共通する特徴として，活発に質問し修正提案を行っている立法委員の多くが，1969年と1972年に台湾地区で選出された委員であることが挙げられる。

1970年代半ばの台湾の政治と立法院の状況を法案審議の背景として説明する。日本の植民地支配を受けた後，第2次世界大戦後の台湾は国民党政権による権威主義体制下にあった。政治的自由化，民主化が進むのは1980年代初めから1990年代初めにかけてで，1970年代半ばの台湾では政治的自由は著しく制限されていた。長期にわたった戒厳令が解除されたのは1987年7月であり，立法院の全面改選は1992年であった。

権威主義体制下の1948年に中国大陸で行われた選挙で選出された立法委員たちは，立法院の台湾への移転後も改選されずに在籍し続けた。中国大陸で選出された760人の立法委員のうち約380人が台湾に渡ったが，中国大陸で選出された立法委員らは内戦を理由に改選されず，議席を占め続けた。

1969年に台湾で欠員補充選挙が行われ，台湾の選挙区から11人が新たに立法委員に選出された。この11人の任期は非改選議員と同じであり，非改選議員同様にその後も改選されなかった。さらに1972年からは任期3年，定員51人の台湾選出枠が設けられた。その後は3年ごとに台湾選出枠の立

法委員の選挙が行われることとなった。大陸選出の議員が総辞職し，立法院が全面改選されるのは1992年になってのことである（若林2008）。

水汚染防治法，廃棄物清理法，空気汚染防制法が制定された1974年，1975年の立法院には，まだ300人以上在籍していた1948年選出の非改選議員のほかに，1969年と1972年の台湾での選挙で選出された立法委員も加わっていた。彼らの多くも非改選議員と同様に与党中国国民党に所属していたが，少数ながら非国民党員の立法委員も存在した。1986年の民主進歩党の結党までは合法的な野党は存在しなかった。

蕭新煌（1983b）によれば，立法院において環境問題に関連する質問は1960年代まではほとんどみられなかったが，1970年を境に急増し，その多くが台湾地区で行われた選挙で新たに選出された立法委員らによって行われている。水汚染防治法，廃棄物清理法，空気汚染防制法の立法過程でも，同様の傾向がみられた。それぞれの法案の審議で発言し重要な指摘を行っていた立法委員には，重複して出席する委員も多かった[9]。

彼らのほとんどが中国大陸で選出された非改選の立法委員と同様に与党である中国国民党に所属していたが，台湾選出の立法委員は非改選の立法委員とは明らかに異なる背景と利害をもっていた。とくに1972年の選挙で選出された立法院は，1975年中に任期切れによる改選が予定されており，選挙の圧力にさらされていた。

台湾では，権威主義体制下での急速な産業化にともなって環境汚染が深刻化し，生活環境が脅かされつつあったが，市民がその不満を表出させることは困難であった。1970年代半ばには，言論の自由は著しく制限され，マス・メディアによる環境問題の報道も規制されていた。環境汚染や大規模開発に反対する社会運動を起こし，運動団体を組織することはきわめて困難であった。環境汚染に対する市民の不満を反映した社会運動団体が不在であった当時，立法院等の議会における言論活動は，行政の取組みの遅れを指摘して規

---

9) 蕭新煌（1983a;1983c）も参照。

制法等による対策を要求するほぼ唯一の手段であった。

蕭新煌の一連の研究では，政府提案による法案の審議過程での立法委員の発言は，質問回数に数えていない。それらは政府提案に対する受動的な対応であり，立法委員自らが行った活動とは区別するため，とされる。水汚染防治法，廃棄物清理法，空気汚染防制法の立法過程について，立法院の委員会と院会（本会議）における議事録を検討してみると，蕭新煌の研究と同様の傾向が確認できる。法案を取り扱った委員会においても，本会議における審議においても，質問に立ち，法案の問題点を指摘している委員の多くは，台湾で新たに選出された立法委員たちであった。非改選議員が圧倒的多数を占める状況下で，彼らの要求の多くは成立した法律にあまり反映されなかったが，いくつかの修正は実現させた。

国際的な立法化の趨勢圧力も，3つの環境法の立法化に共通する要因と考えられる。国際的な趨勢からの影響と関連して，政策・法・制度としての整合性の要求が，台湾でも初期の環境法の立法化の要因となったと考えられる。水，大気，廃棄物，騒音，それぞれの対策法案の提出を同じ時期に検討していたことから，整合性の要求が考慮されていたと考えられる[10]。経済開発政策の転換という要因については，次の項で再検討する。

4-3　立法過程の共通点と相違点

水汚染防治法と空気汚染防制法は，水・大気に対する汚染物質の排出を規制することにより，水・大気を媒介とする他者，生態系への悪影響を制御する，環境汚染規制法である。一方，廃棄物清理法は民間部門による汚染物の排出を規制する性格ももつが，排出そのものを規制するわけではなく，適

---

10) 葉俊榮（1993）は，環境法の形成の主な要因として，(1) 政策・法・制度の体系としての整合性の要求，(2) 諸外国における趨勢からの影響，(3) 突発的な事件・事故等が引き起こす危機への対応，(5) 政治家などのアクターが持つ理念・信念の表出，(5) 市民による要求と社会的な圧力をあげている。台湾の1974年から1975年の3つの環境法の立法過程では，危機をもたらすような突発的な事件・事故はみられなかった。

切な処分を求めている。とくに一般廃棄物については，民間部門の規制よりも，行政による回収・処理のあり方を定めている。また違反に対しても，行政罰を基本とする廃棄物清理法には，水汚染防治法，空気汚染防制法とは異なり，刑事罰も含めて対処する形式となっている。そもそも，公衆衛生，環境衛生の法制度として，廃棄物清理法は1928年汚物清除條例を引き継ぐものとして制定されたが，水汚染防治法，空気汚染防制法にはそのような先行する法規はなく，新規の法律であった。

　汚染排出規制法である水汚染防治法と空気汚染防制法と，それ以外の性格ももつ廃棄物清理法では，法案の性格にちがいがあったが，類似する部分もあった。法案が規定する区域として行政が指定することにより，初めて規制や執行が行われるという構成は，3つの法案に共通する。行政が指定しない区域では排出規制が行われず，汚染物質の排出基準も指定される区域ごとに異なった基準となり，全国で一律，一斉に規制が行われることはない。指定清除地区内では行政による一般廃棄物の回収・処理が行われるだけではなく，地区内のみでの規制も定められているため，水汚染防治法案と空気汚染防制法案と同様に汚染排出規制の法案としての性格ももっていた。

　つぎに，3つの法律の制定に際しての立法院での法案審議の時期，期間をみる。水汚染防治法案は，1974年2月26日に院会で一読が行われ，3月20日から5月15日にかけ経済委員会が8回開かれて審議され修正を受け，院会に戻されて6月7日から6月28日まで7回にわたり審議され（二読），7月2日の三読で成立した。

　廃棄物清理法案は，1974年4月30日に院会で一読され，5月15日から6月27日まで9回にわたり内政委員会，司法委員会の合同委員会で審議され，修正を受けて，院会に戻されて7月5日から7月12日まで4回（全般的な討論を終えて引き続き逐条討論を行った7月5日は2回と数えているが実際の開催は1回なので，実質3回）の審議を受け（二読），7月16日の三読で成立した。

　空気汚染防制法案は，1974年12月17日に院会で一読され，1975年1月

8日から5月1日まで7回にわたって内政委員会，経済委員会，交通委員会の合同委員会で審議され，修正を受けて院会に戻され，5月9日に全般的な討論に引き続いて逐条討論が行われて1日で二読が終了し，5月13日の三読で成立した。

　1974年の水汚染防治法案と廃棄物清理法案の審議が行われていた時期は一部重なっていた。とくに廃棄物清理法案の側からみれば，その審議期間の大部分が水汚染防治法案の立法過程と重なっている。廃棄物清理法案の一読が行われた日は，水汚染防治法案が経済委員会で審議されており，委員会での審議が始まった1974年5月15日は，水汚染防治法案の経済委員会での最後（第8回）の委員会が開かれ，審議が終了した日である。廃棄物清理法案の委員会での審議は6月27日に終了し，翌日6月28日に水汚染防治法案の二読が終了した。そして7月2日に水汚染防治法案の三読が行われて成立し，7月5日から廃棄物清理法案の二読が始まり，7月16日に三読が行われて成立した。

　法案の審議の期間については，一読から三読にこぎつけるまで水汚染防治法案で125日間，廃棄物清理法案で77日間，空気汚染防制法案では147日間となっている。ただし，空気汚染防制法案では一読の後に年を越したためか委員会審議の開始はその22日後であり，さらに第2回委員会（1975年1月15日）の後で会期が終了したため，第3回委員会（同年3月5日）の開催は49日後のことであり，途中に長い空白期間がある。空気汚染防制法案の審議期間は，実質的には水汚染防治法案よりもずっと短く，廃棄物清理法と同程度と考えられる。

　委員会での審議の期間では，水汚染防治法案が8回で57日間，廃棄物清理法案が9回で44日間，空気汚染防制法案は7回で114日間であるが，上記のように空気汚染防制法案の審議には会期終了による48日間にわたる空白がある。委員会での審議の期間については，3つの法案で大きな違いはない。

　委員会での審議終了後の院会での二読については，水汚染防治法案では

22日間かけて7回行っている。廃棄物清理法案では4回（実質的に3回）を8日間，空気汚染防制法案では2回（実質的に1回）を1日で終わっている。二読と三読を合わせても，水汚染防治法案で26日間，廃棄物清理法案で12日間，空気汚染防制法案で5日間である。水汚染防治法案では院会での二読に長い期間を要しているが，つづく廃棄物清理法案で二読に要した期間は大幅に短縮され，空気汚染防制法案では最も短期間で終わっている。さらに，立法院での審議の内容についてみてみる。

　水汚染防治法の審議では非改選の立法委員が，水質汚濁物質の排出規制が企業の製造費用を上昇させ，経済発展を阻害する可能性を指摘し，法案の提出そのものに反対を表明したが，廃棄物清理法と空気汚染防制法ではそのような反対意見は出されなかった。

　立法院での審議の過程で3つの法案に共通した議論としては，水，大気，廃棄物，騒音等の個別の対策法ではなく，公害防止の基本法を制定するべきとの議論，主管官庁を行政院衛生署に統一するべき，あるいは独立した環境行政機関を設立して担当させるべきとの議論が，3つの法案のいずれの審議でもみられた。

　水汚染防治法では，行政院が提出した法案における中央政府の主管機関は経済部のみであったが，立法院の審議で台湾地区選出の立法委員たちから修正提案が出され，公衆衛生にかかわる内容については行政院衛生署が主管すると修正された。廃棄物清理法，空気汚染防制法では，行政院提出の法案で行政院衛生署が主管することが決まっていたが，立法院での審議で立法委員たちは，汚染排出源を主管する経済部と交通部が行政院衛生署に協力して排出規制に取り組むかどうかを懸念した。

　水汚染防治法が経済部の主管とされたのは，水資源管理をおもに担当する水資源統一規劃委員会がすでに1964年に経済部内に設置されていたからである。水汚染防治法が制定された1974年当時には，水質保全政策は水資源管理政策の一部としてとらえられていたことがわかる。一方，大気それ自体は資源ではないが，大気保全政策はエネルギーの燃焼管理と深く関係してお

り，エネルギー政策，資源管理政策の一部とみなすことも可能である。省エネルギーの進展も直接に大気汚染を削減する効果がある。しかし，空気汚染防制法の立法時の1974～1975年には，中央政府のエネルギー政策を担当する部署は設置されたばかりで組織の規模も小さく，省エネルギーも政策体系に十分に組み込まれていなかった[11]。中央政府のエネルギー政策担当部門は，主管機関として政策の受け皿になることができなかったと考えられる。廃棄物管理には資源リサイクル政策という側面もある。しかし，廃棄物清理法の制定当時には資源リサイクルは政策課題となっておらず，廃棄物管理を資源管理政策の一部として扱うという考え方はなかった。

空気汚染防制法の審議で最も重視されたのは空気汚染防制区に関する条項であり，水汚染防治法では「水区」設定の条項が相当する。水区と空気汚染防制区は，排出規制を開始するにあたって特定の区域のみを指定し，その範囲内で執行するというものである。日本の1958年の「水質二法」(「水質保全法」と「工場排水規制法」の総称) でも「指定水域」のみで規制が行われる仕組みであったため，水域の指定が遅れることにより，規制が進まず，汚染が拡大したことが，水汚染防治法の立法過程でも立法委員から指摘され，水区でも同様の問題が発生すると問題視された。日本では，すでに1970年のいわゆる「公害国会」で水質二法は廃止され，全国一律の規制が行われる「水質汚濁防止法」が制定されていた。台湾では，立法委員らによる再三の指摘にもかかわらず，日本の水質二法の失敗を繰り返すような規定を入れたまま，水汚染防治法は成立した。一方で，空気汚染防制法では，区域外での規制が可能になる条項を追加して成立させるという，政府側の一定の譲歩がみられた。水区と空気汚染防制区は，水汚染防治法案と空気汚染防制法案の審議では最も重視され，修正案が提出された。また，廃棄物清理法でも，上

---

[11] 許志義他（1995,41-55）によれば，行政院が公布した1968年「台灣地區能源發展原則」と1973年「台灣地區能源政策」によって中央政府のエネルギー政策が開始された。しかし当時はエネルギー政策と大気汚染対策との関連は十分に意識されていなかったとみられる。エネルギー政策を担当する専門の部署も設置されていなかった。

述のように指定清除地区を指定する条件を明確にするようにとの修正意見が出されたが，区域を定めて執行することへの反対はとくに主張されなかった。水区と空気汚染防制区は水汚染防治法と空気汚染防制法それぞれの後の改正により廃止されたが，廃棄物清理法の指定清除地区はその後も廃止されず，現行法にも残っている。

　ここまでみてきたように，1974年の廃棄物清理法の立法過程では，先行した同年の水汚染防治法，翌年の空気汚染防制法と比較して，必ずしも活発な議論は行われていなかったといえる。しかし3つの環境法の立法過程をとおしてみることによって，それぞれのちがいと共通点を明らかにすることが可能となった。水資源管理と飲料水に関する公衆衛生の政策は存在したが，水質というまったく新しい領域を扱う水汚染防治法においては，資源環境政策にかかわる基本的な理念から始まる広範な議論が行われた。最初の環境法であることの特殊性，重要性は，ほぼ並行して行われていたにもかかわらず，廃棄物清理法の立法過程ではあまり取り上げられなかったというちがいがみられる。廃棄物管理政策は既存の汚物管理の拡張，修正とみなされたことがその大きな要因であったと考えられ，法律名や法律としての整合性，技術的な議論のほうが審議の過程で大きな割合を占めた。また1975年に制定された空気汚染防制法では，その立法過程はさらに簡略化された。一方で，廃棄物管理政策の資源政策としての重要性を示す資源リサイクルにかかわる内容は，1974年の立法過程ではあまり議論されていなかったことがわかった。

第5節　法制度執行の受け皿としての行政組織の形成

　台湾の環境政策の形成過程において，1974年，1975年の3つの環境法の制定は重要な節目といえる。この時期に成立した3つの法律の全体をみることによって，個々の制定過程をみるだけではわかりにくい，初期環境政策の進展を可能にした当時の台湾の政治的，経済的，社会的な背景が浮かび上が

る。当時の中央政府，行政院が環境政策を構想した背景としては，すでに述べたように，国際的な趨勢，経済開発政策からの要請，立法院における部分的な改選があげられる。これらのなかで，行政院内部からの要因としては経済開発政策との整合性，具体的には資源保全の要請があげられる。ただし，経済開発政策からの資源保全の要請は，水質汚濁対策については当てはまるが，大気汚染対策と廃棄物管理には必ずしも当てはまらない。

　一方でこの時期，行政院内では，経済開発部門からの資源保全の要請だけではなく，公衆衛生政策の拡充が試みられていた。中央政府では，1971年に内政部衛生處を行政院衛生署に昇格させて，衛生署内に環境衛生處を設立した。この改組によって公衆衛生政策を担当する部門が中央政府内で独立し，その内部に環境衛生を担当する部局が初めて設置された。環境衛生處は公害規制，環境保護政策のほかにも，一般的な環境衛生や毒物管理，食品衛生等の行政分野も担当した。しかし，1972年から環境衛生處處長を務めた荘進源によれば，就任当初はその業務時間の90％を「公害防止業務の推進」に費やしたという[12]。

　中央政府で環境政策を担当する専門の行政組織としては，1982年に行政院衛生署内で環境衛生處を昇格させた行政院衛生署環境保護局が最初のものであった。行政院衛生署環境衛生處の環境行政組織としての実態については資料に乏しく，先行研究も見当たらず，十分に解明されていない。1970年代初めから1980年代初めまでの環境政策については，法制度の成立はそれなりに言及されてきたが，行政組織の発達という側面はさらに軽視されてきたと考えられる。1972年から處長を務めた荘進源の証言から，行政院衛生署環境衛生處の実態は，断片的ではあるが，以下のように推測される。

　荘進源は，費驊行政院秘書長により台北市政府環境衛生處の科長から行政院衛生署環境衛生處長に抜擢され，1982年に環境衛生處が環境保護局に昇格するまで在任し，行政院環境保護署が成立する1987年までそのまま環境

[12) 以下はおもに荘進源（2012），荘（2013）に基づく。

保護局長を務めた。行政院環境保護署の成立以前の台湾の環境保護政策を最もよく知る人物である。荘進源は，環境衛生處長としてはまず，費驊行政院秘書長の指示により，水汚染防治法，廃棄物清理法，空気汚染防制法，噪音管制法，毒性物質管理法等の立案，立法化に全力を注いだという。就任当初は90％の時間を公害防止業務の推進に費やしたという回想は，この時期の立法化についてのものである。初期の環境法の立法化が，行政院衛生署環境衛生處の主要な業務であったことがわかる。

以上にみたように，行政院衛生署環境衛生處は，公衆衛生政策の一部を担当する部署であって，環境政策を専門とする行政組織ではなかったが，荘進源の環境衛生處長就任当初においては，初期の環境政策の制度面での整備，とくに環境法の立案，制定の過程で重要な受け皿であったことがわかる。環境法の制定が進んでからは，汚染排出を自ら取り締まる実働部門を持っておらず，地方政府の出先機関も十分に整備されていなかったが，いくつかの環境影響調査プロジェクトや，時限的なプログラムによる重点的な汚染排出取締まり等に取り組むようになった。

環境影響調査プロジェクトとは，費驊行政院秘書長の指示を受けて1975年9月から1977年6月まで行われた「台湾地区公害防治計画」である。この計画は，南部の高雄市，高雄県（現在はいずれも高雄市に含まれる）を特定地域に選んで重点的に調査を行い，公害防止のモデル計画を作成するものである。計画の目的は，環境行政，公害対策の実務経験に乏しい地方政府の環境衛生部門が参照できるような先駆的な公害防止計画を作成することであった，とされる。行政院衛生署のほか，経済部工業局，台湾省政府，高雄市政府，高雄県政府が参加し，産業化が最も進んでいた高雄地区における環境汚染の実態を調査し，大気汚染対策，水質汚濁対策，産業廃棄物対策の計画を立案した。また，その後の環境影響評価につながる包括的な環境調査も同時に実施した[13]。この計画が提案した汚染対策がそのまま実施されたわけで

---

13) 台灣地區公害防治先驅計劃專案小組（1976），行政院衛生署（1978）等を参照。

はないが，少なくとも中央政府，地方政府の担当官らに，環境行政のために必要な経験を積ませる貴重な機会となったと考えられる。また，行政院衛生署環境衛生處は 1977 年から，北部の台北市，台北県（現在の新北市の一部）を中心とした淡水溪流域とその支流を含む水系を対象に，当時担当だった経済部水資源統一規劃委員会や各地方政府と共同で，水質汚濁対策の重点計画を立案した。この計画は 1982 年の環境衛生處の環境保護局への改組を経て 1984 年まで実施された[14]。

行政院衛生署環境衛生處は公衆衛生を担当する部門の一部であり，汚染排出を取り締まる実施部門をもたなかったため，法制度の整備や単発のプロジェクトでは成果を上げることができたが，規制政策の継続的な執行には限界があった。處長だった荘進源は，行政院秘書長を務めたのち財政部長等を歴任していた費驊や李國鼎ら有力なテクノクラートに対して，実施部門をもつ独立した行政組織への改組，昇格を働きかけた。1979 年に行政院が決定した台湾地区環境保護方案で独立した環境行政組織を設置することが決まり，1982 年に行政院衛生署環境保護局が設置された。環境保護局は人事，予算を提案する独自の権限を有し，人員が環境衛生處の 5 倍に増員された[15]。

行政院衛生署環境保護局は，マス・メディアを利用したキャンペーン等を利用して世論の支持を背景に法制度の整備と環境汚染の取締まりを進め，カドミウム汚染対策，メタル・スクラップの不適切なリサイクルにともなって発生するダイオキシン対策，自動二輪車の排ガス対策等で一定の成果を上げ

---

14) 経済部水資源統一規劃委員會（1984）等を参照。
15) 行政院衛生署環境保護局の組織と機能については，荘進源（2012）および荘（2013）に加えて，馬文松他（1988），柯三吉（1990）を参照。馬文松他（1988）では，行政院衛生署環境保護局の設置にあたって公布された総統令（行政命令）である「行政院衛生署環境保護局組織條例」が附録として掲載されている。「組織條例」によれば，環境保護局の業務は環境保護と公害防止の政策立案，研究開発，教育訓練等のほか，環境品質の監視，環境情報の収集，環境影響評価の推進，環境法の制定，水質・大気・廃棄物等の環境汚染対策，環境衛生，毒性化学物質管理，およびそれらに関する調査研究等であった。

た。しかし，行政院衛生署環境保護局設置の根拠であった総統令（行政命令）には，各地方政府が設置した環境保護局とのあいだに隷属関係が明示されておらず，行政院衛生署環境保護局は各地方政府の環境保護局を監督する機能ももっていなかった。

　台湾においては，中央政府である行政院と，県・市町村レベルの地方政府とのあいだに，調整院直轄市である台北市，高雄市を除いて行政院と管轄する区域がほぼ重なる台湾省政府が存在する。台湾省政府は土木，農業，公衆衛生等，重要な行政実務の多くを1998年に実質的に廃止されるまで担った。複雑な地方行政制度は資源環境政策にかかわる行政組織の形成を遅らせたと考えられる。また，環境保護局は独立した環境行政専門の行政組織ではあったが，行政院衛生署の部局という性質上，経済開発政策を担当する経済部等と対等に交渉する立場を中央政府内でもつことができなかった。

　以上のような限界と制約が，1987年に行政院環境保護署が設置されるまで，中央政府の環境行政組織にあった。水汚染防治法，廃棄物清理法，空気汚染防制法を含む環境法の多くは，制定時には行政院衛生署環境衛生處が重要な役割を果たし，行政院衛生署環境保護局の時代に複数回にわたって改正され，実効性を高めていったが，全国レベルの環境汚染対策，規制政策を可能にする本格的な法改正が実現したのは，行政院環境保護署が設置されて以降のことであった。

　序章で取り上げた，公共政策としての後発性，経路依存性，政治体制の影響という要因と本章の議論とのかかわりは以下のようなものといえる。既存の開発政策に比べ後発の公共政策・制度である環境法は，開発政策の転換と権威主義体制の部分的修正によって，台湾では比較的早い時期に形成された。しかし，それらの環境法を執行する行政組織の形成は遅れ，十分な成果を上げることはできなかった。本章では行政組織の形成の遅れについては詳細に論じることはできなかったが，その多くは行政組織の変遷における経路依存性によって説明できると考えられる。とくに廃棄物管理にかかわる行政組織は，水質汚濁防止，大気汚染防止の行政組織とは異なり，既存の公衆衛

生政策を担当する行政組織が他に存在し，それらとの調整が必要であったために経路依存性の負の影響をより強く受け，組織形成の遅れが発生したと考えられる。

おわりに

1974年の廃棄物清理法の立法過程では，同年の水汚染防治法，翌年の空気汚染防制法と比較して，必ずしも活発な議論は行われていなかった。そのような廃棄物清理法の審議で質問に立ち，政府案を厳しく批判した立法委員たちの多くは，水汚染防治法の立法過程でも活躍していた。1972年に増設された台湾枠で選出された立法委員たちは，1975年末に最初の改選が予定されており，台湾の選挙民の身近な不満でありながら，政策課題に取り上げられることがほとんどないまま長年に渡って放置されていた環境汚染の問題を積極的に取り上げ，政府に対策を要求することへの強い誘因をもっていたと考えられる。

1974年の水汚染防治法，廃棄物清理法に続いて，空気汚染防制法は1975年という比較的早い時期に制定された。しかし，台湾の産業公害対策，環境政策がその後すぐに効果を上げたわけではない。3つの環境法は，水質汚濁，大気汚染，廃棄物の増大とそれによる汚染の拡大を防ぐことはできなかった。法律に内在する問題点がいくつも残されていたこと，環境行政組織が未整備で，予算も人員も十分ではなかったこと，政府が規制の執行に強い意志をもって望まなかったことなど，多くの要因が指摘できる。

規制が成果を上げ，汚染の状況が改善されるまでには，十数年の年月を要した。1974年〜1975年の3つの環境法の制定は，対外的な正統性の危機への対応として行われた政治的自由化と経済開発の転換がもたらした成果であったと考えられる。しかし，政治的自由化が立法院内にもたらした自由な政治空間の成果は限定的なものであったともいえる。政治的自由化，民主

化が進み，環境汚染に対する人々の抗議が自由に行われるようになって初めて，政府は本格的な対策の必要性を認識し，執行が強化されるようになった。

　また，1974年～1975年の3つの環境法の制定を可能にした条件として，中央政府内での公衆衛生部門の独立と，その内部で環境衛生を担当する部署が設置され，実質的に環境行政を担う行政組織が誕生したことが重要であった。しかし，この行政院衛生署環境衛生處は環境行政を専門に担当する部署ではなく，環境汚染を規制する実施部門をもっておらず，地方政府を監督する権限ももたなかった。この状況は1982年に行政院衛生署内で環境保護局に昇格して改善されたが，包括的，効果的な環境汚染規制の取組みには，1987年に行政院環境保護署が設立されて，環境行政組織の中央政府内での独立が必要であった。初期の法制度の整備において行政組織が果たした役割は重要であったが，その効果的な執行には限界があったといえる。

〔参考文献〕

＜日本語文献＞
荘進源 2013.『台湾の環境行政を切り開いた元日本人——荘進源回顧録』まどか出版．
鄭朝燦 1984.「日本における産業公害政策に関する考察——台湾における産業公害政策を進めるための上での比較考察」筑波大学大学院環境科学研究科修士論文．
寺尾忠能 2005.「台湾における金属廃棄物再生業の盛衰・海外移転と国際貿易」小島道一編『アジアにおける循環資源貿易』アジア経済研究所．
——— 2008.「台湾の金属廃棄物再生産業——船舶解体と『廃五金』再生」小島道一編『アジアにおけるリサイクル』アジア経済研究所．
——— 2015a.「台湾における水質保全政策の形成過程——1974年水汚染防治法を中心に」寺尾忠能編『「後発性」のポリティクス——資源・環境政策の形成過程』アジア経済研究所．
——— 2015b.「台湾における大気保全政策の形成過程——1975年空気汚染防制法を中心に」寺尾忠能編『資源環境政策に関わる法制度・行政組織の形成と運

用」(調査研究報告書) アジア経済研究所.
村上理映 2005.「日本・台湾・韓国における使用済み家電の処理・リサイクルを中心とした廃棄物政策」九州大学大学院比較社会文化研究科学位論文.
若林正丈 2008.『台湾の政治——中華民国台湾化の戦後史』東京大学出版会.

＜中国語文献＞

財團法人台灣產業服務基金會 2012.『資源循環利用法子法研訂及相關法案檢討修訂專案計畫』台北，行政院環境保護署.
陳雄文編 2000.『空氣品質保護 25 年紀實（1975-2000）』台北，行政院環境保護署.
何舜琴編 2008.『廢棄物管理三十年紀實』台北，行政院環境保護署.
經濟部水資源統一規劃委員會 1984.『臺北地區水污染改善七十三年度工作報告』台北，經濟部水資源統一規劃委員會.
柯三吉他 1990.『我國環境保護組織體系及權責統一規劃之研究』台北，行政院研究發展考核委員會.
賴瑩瑩編 2012.『廢棄物管理紀實——民國 76-101 年』台北：行政院環境保護署.
馬文松他 1988.『我國現行公害防治法規及標準之評估』台北，行政院研究發展考核委員會.
台灣地區公害防治先驅計劃專案小組 1976.『台灣地區公害防治先驅計劃中間報告書』台北，台灣地區公害防治先驅計劃專案小組.
湯德宗他 1997.『廢棄物資源回收制度改進之研究』台北，行政院研究發展考核委員會.
蕭新煌 1983a.「從環境社會學談一般民眾和立法委員對環境問題的認知」『中國論壇』15(8):44-49.
——— 1983b.「精英份子與環境問題『合法化』的過程——立法委員環境質詢的內容分析 1960-1981」『中國社會學刊』(7):61-90.
——— 1983c.「立法委員與臺灣環境問題」『中國時報』1983 年 9 月 15 日付.
——— 1987.『我們只一個台灣——反污染，生態保育與環境運動』台北，圓神出版社.
謝燕儒編 2012a.『空氣品質保護 36 年紀實』台北，行政院環境保護署.
——— 2012b.『噪音管制紀實』台北，行政院環境保護署.
行政院環境保護署 1990.『環境保護年鑑——中華民國七十八年版』台北，行政院環境保護署.
行政院衛生署 1978.『台灣地區公害防治先驅計畫工作報告』台北，行政院衛生署.
許永興編 2012.『行政院環境保護署水質保護處 25 年紀實』台北，行政院環境保護署.
許志義他 1995.『我國，日本與美國能源政策及其成效之比較研究』台北，行政院研究發展考核委員會.

葉俊榮 1993.「大量環境立法──我國環境立法的模式,難題及因應方向」『臺大法學論叢』22(1)105-147.
張祖恩・蔣立中 1998.「廢棄物管理問題檢討與對策」歐陽嶠暉・黃勉善編『新世紀的環境保護政策──厚生白皮書　環境保護篇』台北,財團法人厚生基金會.
周萬來 2008.『議案審議─立法院運作實況　第3版』台北,五南圖書出版.
莊進源 2012.『莊進源回憶錄』台北,前衛出版社.

＜英語文献＞
Cheng, Chao-chan 1993. "A Comparative Study of the Formation and Development of Air & Water Pollution Control Laws in Taiwan and Japan." *Pacific Rim Law & Policy Journal*, (3) Special Edition: S43-S87.
Terao, Tadayoshi 2002. "An Institutional Analysis of Environmental Pollution Disputes in Taiwan: Case of 'Self-Relief'." *Developing Economies*. 40(3) September: 284-304.

第 3 章

アメリカ合衆国における環境アセスメントの誕生
―― 「適正配慮」を越えて ――

及 川 敬 貴

はじめに

　世界初の環境アセスメント（環境影響評価）（以下，単にアセスともいう）制度は，約半世紀前にアメリカ合衆国で産声を上げた[1]。1970 年の国家環境政策法（National Environmental Policy Act: NEPA）に，その仕組みが導入されたのである。NEPA のモデルとなったのが，1934 年の魚類・野生生物調整法（Fish and Wildlife Coordination Act: FWCA）であった。FWCA は，ダム開発等にあたって，魚類や野生生物の保全への配慮を求めた立法として知られ，1946 年と 1958 年の改正を経て，野生生物保全が治水・利水と「同等の配慮を受ける」と定めるに至る。そして FWCA の修正法案として上程されたのが NEPA であったことから，前者は後者の「直截的な先駆」であると評されてきた（Andrews 2006, 174）。

---

1) 環境アセスメントとは，環境影響評価の一般的な呼称であり，省略して単にアセスと呼ばれることもある。そこで本章では，それらの呼称を区別することなく用いるが，その中身については，「環境影響評価とは，あるプログラムやプロジェクトを始めようとするにあたり，それが環境に与える影響を，事前に，調査・予測・評価して，これに基づき一定の環境配慮の手立てを決定に反映させようとするシステムであり，そして，このシステムを社会制度・法制度としたものが，環境影響評価制度ないし環境影響評価法制度である」との説明を前提とすることとしたい（浅野 2011, 3）。

そうすると，アセスは，FWCAからNEPAへという制度発展の過程で形づくられた法的な仕組みということになるが，そこでは実際にどのような考え方や法構造の変容が生じたのだろうか。たとえば，アセスの「核心」であるといわれる代替案検討要件（大塚2016, 113）は，FWCAにどのように規定されていたのだろうか。開発関連の意思決定に地域住民等が参加できる，いわゆる公衆参加制度の規定ぶりについても，同様の問いを投げかけられるはずである。さらには，そもそも「環境」という概念が広く通用していない時代において，FWCAでは，同様の包括概念的な機能を果たす何かが規範化されていたのだろうか。

これらの点に関する合理的な推論を得られれば，制度としてのアセスの本質とはなにか，というこれまで等閑に付されてきた感のある問いに新たな光を当てられるかもしれない。このように考えて，本章では，FWCAを「初期の公共政策」として措定し，そこからNEPAという「後発の公共政策」へと至る長期的な制度発展過程を意識しながら，2つの制定法に関する歴史・構造分析を試みるものである。

第1節　先行研究と問題設定

本格的な検討作業に入る前に，それぞれの法律について，先行研究にも触れながら，もう少し詳しい紹介をしておこう。そのうえで，本章で扱う問題や考察の視点，それに研究の意義について敷衍することにしたい。

1-1　国家環境政策法

アメリカ環境法の主要な部分は，1970年から始まる10年間，いわゆる「環境の10年」のあいだに整備された（畠山1999）。清浄大気法の大改正（1970年），清浄水法の大改正（1972年），種の保存法の制定（1973年），有毒物質規制法の制定（1976年），国有林管理法の制定（1976年）など，主要

な連邦法の整備が一気に進んだのである。この「環境の10年」の幕開けを飾ったのが，クローニン・ケネディ（2000, 184）によって「マグナカルタ以来もっとも重要とされる環境保護立法」と称された，国家環境政策法（NEPA）の制定（1970年1月1日）であった。

NEPAの第102条(2)(C)は，世界初の環境アセスメント条項として知られ，その趣旨や内容が世界各国へと伝播していった。この規定は，NEPAの制定以来，ほぼ半世紀のあいだ，改正されていない。

> 第102条　連邦議会は，次の事項を可能なかぎり最大限に達成することを定め，命ずる。
> (1)　略
> (2)　すべての連邦機関は，
> 　(A)，(B)　略
> 　(C) 人間環境の質に重大な影響を与える立法の提案，その他の主要な連邦政府の提案行為に関するすべての勧告または報告には，責任ある連邦職員による次の各号に関する詳細な報告書を含めること。
> 　（ⅰ）提案行為が環境に与える影響
> 　（ⅱ）当該提案が実施された場合，回避し得ない環境上のあらゆる悪影響
> 　（ⅲ）提案行為の代替案（alternatives）
> 　（ⅳ）人間環境の局地的，短期的な利用と長期的な生産性の維持，向上との関係
> 　（ⅴ）提案行為の実施に関連して発生する，不可逆的で回復不可能な資源の消失
> 　　責任ある連邦職員は，詳細な報告書の作成に先立ち，見込まれる環境影響について法律上の管轄権もしくは特別な専門性を有する連邦機関と協議し，意見を求めること。当該報告書に，…（中略）…連邦，州，および地方の機関によるコメントと見解を加えたものの

写しは，大統領および環境諮問委員会，ならびに…（中略）…公衆に公開するとともに，各連邦機関の既存の審査過程を通じて，当該提案に添付されること。

　この規定に基づき，アメリカでは膨大な数のアセスが実施されてきた。現在でも年間 100 件を超える数のアセスが行われ，開発事業にともなう環境影響の緩和措置が採用されたり（防音壁や柵の設置など），事業計画そのものが変更されたり（事業規模の縮小や立地の変更など）する例が頻繁に見受けられる（及川・森田 2014）。

1-2　魚類・野生生物調整法

　当然のことであるが，「環境の 10 年」以前にも，森林や水，そして野生生物などの自然資源の保全（conservation）をめざした連邦法が皆無だったわけではない。むしろそうした法律の数は増加する一途であった。そして「環境の 10 年」を迎えるまでに，その層が相当に厚くなっていたことは，Andrews（2006）や畠山（1992）などの主要先行研究からもうかがわれる。魚類・野生生物調整法（FWCA）もそのひとつであり，ニューディール初期の 1934 年に制定された。

　FWCA は，ダム開発などの水資源開発事業を手掛ける連邦省庁に対して，魚類や野生生物の保全へ配慮するよう求めた立法として知られている。この法律は，たとえば，事業計画段階で，魚類や野生生物保全を所掌する機関と開発官庁とが協議を行うよう求めていた。Andrews（2006, 174）によれば，この協議条項が活用された結果，多くの大規模ダムに魚道が設置されたという。そして，1946 年と 1958 年の改正を経て，同法の中身は強化され，ついには，野生生物保全が治水・利水と「同等の配慮（equal consideration）を受ける」と規定するに至る。

　なお，本章での以下の叙述にあたっては，この法律を一般に指す場合には，FWCA と表記し，その他の場合には必要に応じて，1934 年法，1946 年

法，1958 年法と表記することにしたい。

1-3 長期の制度発展への眼差し

NEPA と FWCA の関係について，Andrews（2006, 174）は，FWCA の制度発展過程を上記のように手短に整理した後に続けて，「このようにして，FWCA は NEPA の直截的な先駆（a direct forerunner and precedent）となった」と述べている。この叙述には脚注は付されていないが，そうした評価がなされた背景には，1969 年 2 月 17 日の連邦議会において，のちに NEPA へと育った H.R.6750 法案[2]が，当初，FWCA の修正法案として上程されたことがあるだろう（及川 2003, 108）。

NEPA が FWCA の修正法案として上程された事実に照らして，後者が前者のモデルのひとつとなったと解することは可能である。しかし具体的に何がどのような意味でモデルとなり得たのかについて，先行研究は多くを語っていない。FWCA から NEPA へと制度が発展するなかで，どのような仕組みが受け継がれたのだろうか。また，FWCA には存在しなかった法的な仕組みが NEPA で導入されたとすれば，それはどのようなものなのだろうか。他方で，FWCA から NEPA へ受け継がれなかった要素があるとすれば，それはアセスに関する「失われた選択肢」ということになるかもしれない[3]。

そこで本章では，各種の 1 次・2 次資料に依拠しながら，FWCA の制定から 1958 年改正までの足取りを辿り，制度変容の中身とその背景をとらえたうえで，NEPA との比較検討を行う。この作業は，本書序章で指摘された「経路依存性」の発露としての，長期にわたって「緩慢に推移する」制度発展の姿を描き出す試みのひとつであり（Pierson 2004, Thelen 2004），具体

---

[2] ディンゲル（John D. Dingell）下院議員（ミシガン州選出・民主党）が，この法案のスポンサーであった。
[3] 失われた選択肢を回顧することの未来志向性について，佐藤（2011,23）は，「選択肢として存在したのに活かせなかった道をもう一度振り返ることは，今，私たちの眼前に開かれている選択肢が何であるかを考えることにもなる」と述べる。

には，1970年のアメリカで誕生した環境アセスメントとはなにか，という古典的な問いに，従来（「短期的に切り取った切り口だけから事象をとらえ分析」した場合）とは異なる切り口（寺尾 2015, 11）から挑もうとするものである[4]。

アセスの制度化は，アジアの途上国の多くでも完了しており，今後は，制度をいかに改良するかが課題となるだろう（作本 2014，寺尾 2013）。その際に，先進国の制度運用状況から多くを学べることは否定しないが，初期の制度形成過程からも多くの，そしてより本質的なことを学べるはずである。たとえば，本章を通じて，代替案の検討がアセスの「核心」とされる理由が浮かび上がってくれば，代替案の検討を法令で義務づけるという議論の説得性が高まってこよう。わが国では実際にそうした議論が求められているところであり，おそらく同様の状況はアジアの途上国でも存在していると思われる。本章を通じて得られる知見が国や地域のちがいを越えて，制度としてのアセスの意義や意味を見つめ直すための材料となるとも考える所以である[5]。

第2節　大衆化した「保全」とその政治利益化

なぜ，アメリカでは，1934年という早い時期に，魚類・野生生物調整法（FWCA）を制定し，魚類を含む野生生物の保全への配慮を規範化できたのだろうか。本節では，FWCAのモデルとなるような政策アイデアや法的な

---

[4] こうしたねらい，すなわち，スナップショット的な分析からは引き出せない，長期的な制度発展のメカニズムをとらえるという問題意識は，広く共有され始めており（Maher 2008; 寺尾 2013; 2015; 喜多川 2015; 西澤・喜多川 2017），本章はそうしたベクトル上の一研究とも位置づけられよう。

[5] わが国の環境法研究の現状に視点を転じてみると，FWCAがまったくとり上げられていないわけではないが，多くても数行程度の紹介・説明にとどまることが多い（たとえば，鈴木 2007, 263）。そのため本章については，FWCAそのものに関する基礎的な情報を，おそらく邦語文献では初めて，まとまった量・形で提供するという意味で，資料的な価値もある程度は備わっていると考えている。

仕組みの萌芽が，すでに 1920 年の別な法律の中に存在していたことや，当時のアメリカ社会において，自然資源保全が，野外レクリエーションの大衆化を背景として，政治利益化し始めていたことなどを指摘する。

2-1　萌芽としての 1920 年水力発電法[6]

連邦政府主導の水資源開発については，伝統的に，国防省陸軍工兵隊（Army Corps of Engineers, Department of Defense）（以下，工兵隊）が，ダム開発をはじめとする各種事業を計画・実施してきた。工兵隊がそうした役割を担った背景には，独立戦争以来の軍事施設設置経験がある。ただし，工兵隊があらゆる水資源開発事業をとり仕切っていたわけではない。その他多くの連邦機関へ水資源開発関連の多種多様な権限が付与されていた。たとえば，1914 年に内務省内に新設された開墾局（Bureau of Reclamation）には，特定のダムや灌漑関連の事業を進める権限が付与されている。

こうした水資源開発関連のさまざまな権限を，一定程度整理することをめざしたのが，1920 年の水力発電法（Federal Power Act）であった。同法により，連邦動力委員会（Federal Power Commission：FPC）が設けられ，水力発電用ダム（国内の航行可能水域で設置されるものに限る）の許認可権限が，この新設機関へ集約されることになったのである。

この水力発電法には，許認可権限の行使を制約するような 2 つの仕組みが設けられていた。ひとつは，公益適合性確保要件である。許認可の付与にあたって，FPC は，当該開発事業による「水域の改善…（中略）…が公益の観点から望ましく，かつ，正当化し得るものである」(desirable and justified in the public interest) ことを認定しなければならない。もうひとつは，計画適合性要件である。やはり許認可の付与にあたって，FPC は，提案された開発事業が，水域の改善や開発，通商上の利活用，ならびに「レクリエーション目的等を含んだ，その他の有益で公的な利用」(other beneficial public uses,

---

6)　本項の記述は基本的に，Bean and Rowland（1997, 417）による。

including recreational purposes）を目的とする総合計画に「適合したものである」（will be best adapted）ことを認定するものとされた。

1920年の水力発電法に魚類・野生生物保全への直接的な言及は見当たらないが，これらの2つの要件の中に，そうした価値を読みとることは不可能ではないだろう。ここでは資料不足のためこれ以上の検討ができないが，1934年法との関係では，同法が制定される10年以上前に水資源開発事業の許認可プロセスにおいて，魚類・野生生物保全の観点をとり込むような解釈が可能な法システムが存在していたのである。

2-2 大衆化した「保全」

ところで保全（conservation）とは，林学等の科学的な知見に基づいて，森林や水などの自然資源を計画的に管理していくという考え方であり，1900年前後の革新主義時代に，アメリカ公共政策の概念的基盤となった。1902年の開墾法（Reclamation Act）や1906年の古物保存法（Antiquities Act）が代表的な制定法である。こうした保全立法は，無秩序な資源開発を抑制するための仕組みを備えていたが，基本的には，専門技術官僚が経済界と歩調を合わせ，効率性の名のもとに資源開発を進めるための法的根拠でしかなかったといわれている（Hays 1959, 3）。そのため，1920年の水力発電法が保全にひと言も触れていないことは，当時としては，とくに奇異な現象ではなかったものと考えられよう。

しかし，その後，保全は「大衆の需要」という観点からも定義されていく。アレン（1993, 110）によれば，第1次世界大戦終結後，アメリカ社会は徐々に落ち着きを取り戻し，「国民は…（中略）…いかにしてふたたびくつろぎ，楽しむかという問題に取り組みはじめた」。そして1920年代に入る頃には，狩猟やハイキング，それにカヌーなどの野外レクリエーション（outdoor recreation）が大衆的な需要へと育っていたという。

その背景となったのが，大戦後の経済発展をベースとする大衆消費社会の台頭と都市化の進展であった（Clawson 1963, 34-36）。1919年に677万台で

あった一般家庭の保有自動車台数は，1929年までに2312万台へと激増し，州際道路の設置・改良へ助成金を交付するための各種の連邦法に基づいて，道路網の整備が急速に進んだ（アレン1993, 219; ナッシュ2004, 6-7）。また，全人口のうち都市に居住する人の割合は，1800年には6％にすぎなかったが，車社会が到来し，都市が政治・経済・文化の中核となるにつれ拡大し，1920年には50％に達したという（小塩2006, 87）。都市，ないしはその近郊に暮らし，自動車という機動力を手にした大衆にとって，格好のレジャーとなったのが，釣りや森林浴，キャンピングなどの野外レクリエーションであった。

アレンは，当時の状況を次のように描いている。「自動車はあらゆる階層の男女をこの国の探検に駆り立てた。貧しい農民，夏の民宿管理人，自動車修理工までが，家族を安自動車に詰め込み，…（中略）…オートキャンプからオートキャンプへと」繰り出した（アレン1993, 361）。Sutter（2001, 292）によれば，アメリカ国民は，この時代に初めて，レジャーを通じて自然資源を知覚し，定義するようになったという。保全は，経済開発のみならず，野外レクリエーションの機会の確保という「大衆の需要」の観点からも意味をもち始めたのである。

こうして大衆化した保全は，新たな政治勢力の台頭を促した。1922年のアイザック・ウォルトン・リーグ（the Izaak Walton League：IWL）の設立である。IWLは釣りなどの野外レクリエーションの機会の確保を使命として掲げる団体であるが，保全の勃興期に設立されたシエラ・クラブ（1892年設立）や全米オーデュボン協会（1905年設立）などの既存の団体と異なり，その会員数が桁ちがいに多かった。当時，シエラ・クラブ等の会員数は1団体当たり7000名を超えることはなかったのに対し，IWLの会員数は1925年までに10万名を超えていたのである。都市居住者たちがその大半を占め，1929年に合衆国大統領に就任するフーバー（Herbert Hoover）もIWLの会員であった。Clements（2000, 50-51）によれば，遅くとも1920年代の後半までに，IWLは「大衆化した保全」を支持する有力な政治ロビー団体へと成長を遂げていたという。近年の重要な環境政策史の業績であるPhillips（2007）

も，1920年代に「大衆化した保全」の上に展開されたのが，ニューディールの各種施策であると論じている。

2-3　ニューディールと1934年法

ニューディール一般の評価はさておき，その開始によって，保全をめぐる政策動向も俄かに慌ただしくなった。ニューディール期の保全施策としては，テネシー渓谷開発事業（いわゆるTVA）や市民保全部隊（Civilian Conservation Corps: CCC）などが知られているが，1934年法もその時期の代表的な制定法のひとつである。

1934年法へホワイトハウスのサポートがあったことは理解し難いものではない。そもそもルーズベルト自身が筋金入りの保全主義者であった。また，政権内の主要ポストに，イッキーズ（Harold L. Ickes）（内務長官）やオルブライト（Horace M. Albright）（国立公園局長）などの保全主義者が数多く登用されていたことも周知の事実である（及川 2015, 209）。1934年1月には，FDRの肝いりで，野生生物の回復に関する大統領委員会（President's Committee on Wildlife Restoration）が設置された。この組織については，設置に向けての検討が1933年に始まり，最終的には，ウォーラス（Henry A. Wallace）農務長官が中心となって，人選などの作業が進んだ（Nixon 1972, 242）。著名な生態学者であり，環境倫理学の父とも評されるレオポルド（Aldo Leopold）もメンバーの一人となったこの委員会は，内務省の生物調査局（Bureau of Biological Survey, Department of Interior）などの政権外部の組織とも密接な協力関係にあったという（Nixon 1972, 243）。

一方で，連邦議会においても，野生生物保全の強化を企図した組織が発展をみていた。たとえば，下院では，1934年1月29日，野生生物資源の保全に関する特別委員会（Select Committee on Conservation of Wildlife Resources）が設置された。この委員会の設置に尽力したのが，ロバートソン（A. Willis Robertson）下院議員（ヴァージニア州選出・民主党）である。同議員は，当該委員会の設置から13年間にわたって委員長を務め，1937年の連邦野生生

物回復援助法（Federal Aid in Wildlife Restoration Act）という保全立法の立役者となった。この法律は，ピットマン・ロバートソン法として知られるものであり，州政府の保全部局にとって，最も重要な資金源となったという（Brooks 2009, 23）。

このようにして，保全は大衆化し，少なくともニューディール開始前には，新たな政治利益として台頭しつつあった。このような事情を背景として，当時の政権と連邦議会ではそれぞれ，そうした利益への動員体制を整えていたのである。1934年法は，そのような状況下で制定された。

第3節　魚類・野生生物調整法の構造的変容

本節では，FWCAの制度発展過程について，1934年法，1946年法，そして1958年法の順に，それぞれの規定内容を紹介・説明していく。1946年法と1958年法については，どの部分がいかなる意味で強化されたのかに注目したい。なお，各法律の全訳を行うことはせず，第4節でのNEPAの規定内容との比較に資すると考えられる条文内容を集中的にとり上げる。

3-1　1934年法

1934年法は，全6条からなる簡潔な制定法である。本項では，主たる構成部分である第1～3条をとり上げ，解説したい。なお，第4条はインディアン居留区関連の規定，第5条は公有地管理関連の規定，そして，第6条は寄付の受け入れなどに関する規定である。

(1) 調査・勧告・報告権限

第1条は，野生生物保全のための施策が立案される場合に，農務長官および商務長官（以下，農務長官等という）が，その他の省庁等へ，専門的な支援を提供できると定めている。次いで第2条では，農務長官等に対して，さま

ざまな汚染物質が野生生物に及ぼす影響を調査する権限が認められた。農務長官等は，調査で明らかになった悪影響を緩和する措置を含む勧告を，当該調査結果とともに連邦議会へ報告できる。

これらの条文は，環境アセスメントの萌芽としてとらえられるかもしれない。汚染物質が野生生物へ及ぼす悪影響に限られるものの，さまざまな悪影響を特定し，それらを緩和するための措置を発展させて，連邦議会などでの意思決定に反映させる機会を創出するという大きな方向性を看取できるからである。

ただし，これらの条文は，農務長官等の権能を定めるだけであり，水資源開発を主管する省庁（以下，開発官庁という）に何らかの行為等を求めるものではなかった。開発官庁には，支援提供を求める義務も，影響調査を実施する義務も課されていない。なお，農務長官等が条文の主語とされているのは，農務省内に生物調査局が，商務省内に漁業局が設置されていたためである。すなわち，農務長官等に付与された権限は，実際には，これら2つの機関により行使される。

(2) 省庁間協議条項

第3条では，2種類の省庁間協議（以下，協議という）の仕組みが設けられている。まず，同条(a)では，連邦政府主導のあらゆる貯水事業に際して，生物調査局や漁業局が，開発官庁と協議を行い得る（may consult）ことが定められた。次いで，第3条(b)は，連邦政府自ら，またはその許認可を得た民間機関によるダム建設に際して，同政府または当該民間機関が，漁業局との協議を行うものとするとしている（shall be consulted）。

第3条(a)の協議については，生物調査局や漁業局の権能として書かれているので，開発官庁に応諾義務があるわけではないだろう。これに対して，第3条(b)では，義務的な言い回しがなされている。加えて，第3条(b)では，協議要件の部分から続けて，ダム建設の着工前に，魚類用リフトや梯子等を用いて，魚類の移動経路を確保するための適切な設備を施すもの

とする（shall be made）ともされていた。おそらくは，この規定が設けられたことによって，「協議条項が活用された結果，多くの大規模ダムに魚道が設置された」ものと考えられる（Andrews 2006, 174）。

なお，第3条（b）には，「必要と考えられる場合には」そして「経済的に実行可能であれば」といった文言も書き込まれており，開発官庁への具体的な義務が直截に発生することはないようにもみえた。それにもかかわらず，「協議条項が活用された結果，多くの大規模ダムに魚道が設置された」のであるから，協議の仕組みが現実の行政運営に及ぼす影響が少なくないことがうかがわれよう。

(3) 1934年法の評価

1934年法は「先見の明があった」（forward-looking）立法であるといわれる（Bean and Rowland 1997, 404）。上述したように，そこでは，魚類や野生生物への影響評価（第2条）や省庁間協議（第3条）の仕組みが逸早く制度化されていた。NEPAに基づくアセスの萌芽とも評し得よう。しかし1934年法は「歯抜け」（toothless）であったとも評されている（Brooks 2009, 31 n.19）。野生生物への配慮（consideration）を確保するというような文言は見当たらず，開発官庁は常に省庁間協議に応じる必要もなかった。第2次世界大戦後の巨大な水資源開発の圧力の前に1934年法は無力であり，保全主義者たちは，状況を反転させようとして，その強化に乗り出す。関係者らの努力の結晶が，1946年と1958年の法改正であった。

3-2 1946年法

1946年法は全9条からなる。1934年法は全6条であったので，条文数は3つ増加しただけであるが，文量は2倍弱となった。また，実体・手続きのいずれの面においても，内容が強化され，その条文構成も現行のFWCAに近い。なお，1948年にも小規模の改正があり，第5A条が追加された。この追加規定には，「十分な配慮」（full consideration）という，本章の目的の観点

から重要な文言が含まれるため，以下で合わせて紹介・検討の対象としたい。

(1) 影響調査の内容

1934年法は，農務長官等に対して，さまざまな汚染物質が野生生物に与える影響を調査する権限を付与していた（第2条）が，そうした調査の内容として含まれるよう求めていたのは，廃棄物の再生利用手法にかかわる研究と先行調査研究状況のみであった。これに対して，1946年法では，同様の権限を内務長官に認めたうえで，調査の内容として，①野生生物を維持するための水質基準の決定，②汚染の未然防止（廃棄物の再生利用などを含む）・緩和手法にかかわる研究，ならびに③先行調査研究状況が含まれるものとするとしている（第5条）。

(2) 協議要件の主語の入れ替えと意思決定過程のコントロール

1946年法は，次の3つを定めることによって，開発官庁の意思決定過程へのコントロールを強化した。まず，協議要件の主語の入れ替えである。1934年法における協議要件は生物調査局等の権能として定められていた（第3条(a)）のに対し，1946年法では逆に，それが開発官庁の義務となった（第2条）。具体的には，水資源開発を所掌する官庁は，開発に先立ち，内務省魚類・野生生物局（Fish and Wildlife Services, Department of the Interior: FWS）らと野生生物保全のあり方に関する協議を行うものとされた。こうした規定ぶりであれば，開発官庁は必ずFWSらに協議を申し入れなければならない（つまり，協議をしないという裁量の余地はなくなる）。

次いで，野生生物保全に関する専門的な知見が意思決定に反映されうる道筋が整えられた。FWSらは，計画された水資源開発事業から野生生物へもたらされる損害やその未然防止手法を特定するための調査を行うことができる（第1条）。この調査権限は1934年法でも付与されていたが，これに加えて1946年法では，調査結果を基にして作成された報告書（勧告を含む）が，

開発官庁から連邦議会などへ提出される事業関連報告書の一部となると定められた（第2条）。保全関連の専門的な知見が，協議終了後の意思決定過程（たとえば，連邦議会やホワイトハウスでの討議）でも参照されうる状況が創出されたものといえよう。1934年法では，協議のベースとなった資料や同協議の結果が，後続する意思決定に反映されるのかどうかが不明であった。なお，当の開発官庁自身に対して，そうした報告書や勧告の内容を考慮させるという制度設計もあり得るが，1946年法ではそうした仕組みは採用されていない。

最後に，FWSらが準備した報告書や勧告の中で特定された，上述の損害防止手法を実施するための費用が，当該水資源開発事業関連費用の一部となることが認められた（第2条）。

(3)「野生生物」の定義

1934年法では「野生生物」(wildlife)が何を意味するのかに関する規定はおかれていない。これに対して，1946年法では，「野生生物」と「野生生物資源」(wildlife resources)という文言には，鳥類，魚類，哺乳類だけではなく，あらゆる綱（class）の野生生物と，そうした野生生物が依存する水陸の植生すべてが含まれると定められた（第8条）。

(4) 1948年改正と「十分な配慮」要件の登場

1946年法には，1948年に第5A条が追加された。この追加規定は，ミシシッピー川の一部に設けられたダム等の運用にあたって，工兵隊[7]に対し，野生生物とその生息地へ「十分な配慮」をするように命じたものである。この「十分な配慮」が何を意味するのかは分明ではないが，単なる配慮しかなされていないのであれば，この条文に反して違法となると読むのが，素直な

---

7) 現在は，国防省陸軍工兵隊（Army Corps of Engineers, Department of Defense）である。

読み方であるだろう。

(5) 1946年法の評価

1946年の改正（1948年改正を含む）によって，開発官庁の裁量には一定程度の制約がかかったものと考えられよう。協議要件の主語が入れ替えられたことと，FWSらの準備した影響調査報告書が，当該開発事業関連報告書の一部とされたことによる。また，1948年の時点ですでに，野生生物保全に関する適正配慮要件のような仕組みも導入されていたこともわかった。

しかし戦後の水資源開発の高まりは凄まじく，野生生物資源の劣化と減少を食い止めるべく，連邦議会は，同法のさらなる強化をめざした改正作業に着手する。それが1958年の法改正であった。1958年法の登場により，野生生物保全は治水・利水と「同等の配慮」を受けるものとされるに至る。

3-3 1958年法

1958年法は，全9条からなるが，全体の文量の70％以上が，第1条と第2条で占められており，本章の目的との関係でも重要であるため，以下，これら2つの条文内容を中心に，紹介・説明を行う。

(1) 法目的としての「同等の配慮」

1948年改正により，陸軍工兵隊は，一部のダムなどの運用にあたって，野生生物とその生息地へ「十分な配慮」をするように命じられていた（第5A条）。1958年法は，この要件を厳格化するのみならず，その適用対象制限をも解除したものとなった。すなわち，同法は，あらゆる水資源開発に際して，野生生物保全への「同等の配慮」が確保されることを法目的として掲げた（第1条）。具体的には，「野生生物保全は，水資源開発プログラムにおけるその他の諸要素と同等の配慮を受けるものとする」（下線は筆者による）と定めたのである。そのうえで，同じ条文の中で，1934年法や1946年法と同じように，内務長官に対して，開発官庁等を施策面で支援する権限や，公有

地上であればどこででも調査を行う権限が付与されていた。

(2) 専門的知見への「十分な配慮」と事業修正権限

1946年法の肝要のひとつであった，協議要件の主語の変更は，1958年法でも維持された。第2条（a）にしたがい，開発官庁は，ダム開発等の着手に先立ち，FWSらと野生生物保全のあり方に関する協議を行わなければならなくなった。

協議の流れやそこで用いられる資料について定めたのが，第2条（b）である。1934年法と1946年法のもとですでに，FWSは，影響調査等を行い，勧告を含んだ報告書を準備するものとされていた。1958年法では，そうした勧告について，野生生物へもたらされる損害やその未然防止措置の記載に加えて，勧告内容が「具体的である」（specific）ことを求めている。そして，開発官庁に対して，そうした具体的な勧告とそれを包含した報告書に「十分に配慮する」ことを義務づけた。1948年改正で新設された第5A条の「十分な配慮」要件が，より一般的な形で義務化されるに至ったものといえるだろう。

そのうえで，第2条（c）は，当初の開発事業の修正権限を付与し，同条（d）では，（FWSの報告書や勧告の中で示された）上述の損害防止措置を実施するための費用が，当該水資源開発事業の一部となることを認めている。

第4節　FWCAからNEPAへ
──環境アセスメントとはなにか──

前節までに獲得した知見を基礎として，本節では，FWCAとNEPAの規定内容を比較していきたい。最初に気がつくのは，第1節第3項で指摘したように，NEPAに基づくアセスの基本構造が，すでにFWCAに存在していたことである。それゆえ，FWCAという法律の主たる制度的な仕組みの説

明に際しても，開発事業に付随する「影響を事前に，調査・予測・評価して，これに基づき一定の…（中略）…配慮の手立てを決定に反映させ」るという，アセスの定義（本章の注1）を参照されたい）を用いることができるだろう。この点は，FWCAをNEPAの「直截的な先駆」と評すること（あるいは，前者の「初期」性）の合理性を支持するものであり，また，後者の「後発性」を示すものである。

それでは，FWCAとの比較において，NEPAに基づくアセスを特徴的なものとしている制度的な要素はなにか。以下の3点を指摘しておきたい。

4-1 「環境」への影響

ひとつは，「環境」への影響を扱う点である。FWCAは制定当初から，開発官庁に対し，水資源開発事業が「野生生物」へ及ぼす影響を調査するよう求めており，「野生生物」という文言の意味するところも，1946年の改正によって，あらゆる綱（class）の野生生物とその生息地等が含まれるものへと拡大した。相当に広い定義であり，生物多様性保全の考え方とも重なり合うものだろう。

ただし，「野生生物」なる概念に，それ以上の包括性や媒体横断的な機能を見込むのは難しい。そうした機能を備えた概念が「環境」であり，それを初めて国家政策の基本に据えたのがNEPAであった。すなわち，NEPA第101条の「国家環境政策宣言」によって初めて，連邦政府の責務として，「すべての国民に対する良好な環境の確保」や「歴史的・文化的・自然的遺産の保存」，それに「リサイクルの最大限の達成」などの幅広い内容の責務が掲げられたのである。これらの責務を連邦政府に履行させるための仕組みが，アセス制度であった（第102条（2）（C））。

すなわち，NEPAに基づくアセス制度の特徴は，まさに「環境」アセスメントであるという点にあり，このことが，FWCAという「初期の公共政策」との比較を通じて確認されたといえるだろう。

4-2 「公衆参加」の確保

　もうひとつは、「公衆参加」の確保である。これまで述べたように、1934年法では、多角的な観点からの検討を確保する仕組みとして、省庁間協議要件が導入されていた。しかし、開発官庁は常にこの協議に応じる必要はなく、協議結果が最終的な意思決定にどのように反映されるのかも（法律の規定上は）不明であった。そこで1946年法では協議要件の主語を入れ替えるとともに、影響調査報告書を開発事業関連報告書の一部とするなどして、開発官庁の裁量に一定程度の制約をかけたものである。

　この省庁間協議要件の仕組みがNEPAへ受け継がれたことは、両法の規定からも明らかであろう。ただし、FWCAで発展をみた省庁間協議要件は、行政の専門技術性を重視するものであった。これに対して、NEPAでは、省庁間協議の仕組みを受け継ぎつつも、アセスを通じて準備される報告書が「公衆に公開される」ことをも求めているという特徴がある。

　意思決定が合理的であればよいというだけであれば、「公衆」の視点をとり入れる必要性は高くないだろう。しかしそうではないとすれば、アセスには単なる合理的意思決定機能以上の何か、おそらくは社会的意思決定機能とでもいうべきものの発揮が求められているのではないだろうか。アセス制度を「一種の社会的意思決定」のプロセスととらえたいという見解が呈されてきた（北村 2015, 192）が、そのように論ぜられる所以が、前節までにみたような、長期にわたって「緩慢に推移する」制度発展過程から浮かび上がってきたようにみえる。

4-3 「代替案」の検討義務

　最後に、最も重要な点として「代替案」の検討義務が挙げられよう。FWCAは、水資源開発において、野生生物保全が治水・利水と「同等の配慮を受ける」ことを法目的として掲げ（第1条）、さらに、その保全のための措置などを具体的に記載した報告書や勧告が、開発官庁によって「十分に配慮」されるものとしていた（第2条(b)）。保全の観点からは、強力な実

体的性質を備えた規定であるようにみえるが，開発官庁が「配慮した」と言いさえすればそれ以上を求めることは難しい。実は1958年法の立法過程において，開発官庁側から声高な異議は唱えられなかった。こうした適正配慮義務が画餅にすぎないことを，開発官庁側が見切っていたということなのかもしれない。

これに対して，NEPAに基づくアセスについては，FWCAの適正「配慮」義務を越えた代替案検討義務を掲げた点に，その最大の制度的特徴を見出せそうである。すなわち，代替案検討義務であれば，少なくとも代替案を検討しなければならず，そうしなければNEPA違反となり，違法とみなされよう。そして，ここであらためてNEPAの第102条（2）（C）を読んでみると，代替案がalternativeではなく，alternativesという複数形で記載されている周到さに気がつく。代替案を複数検討しなければ，やはり違法となるのである。さらにもう1点付け加えれば，NEPAに「配慮」という文言は一切用いられていない。環境アセスメントでは「適正配慮」を越えた，「代替案」の検討を求めるのだ，というNEPAの立法者たちの無言の意思表示であるとは解しえないだろうか。

おわりに

本章ではまず，NEPAの「直截的な先駆」と評されるFWCAの規定内容が長期にわたって発展を遂げた経緯を検証した。そのうえで，両法の規定を比較し，制度としてのアセスの特徴をとらえようとしてきたものである。

そのようにして抽出された，アセス制度の特徴なるもののうち，①「環境」影響を扱うものであることや，②「公衆参加」を確保するものであることは，先行研究でもしばしば指摘されてきた点ではある。しかしそうした指摘は，十分な論拠とともに示されてきたとは言い難かった。また，アセスの核心が，③「代替案検討義務」にあるという点についても，さまざまな文献

でそうした記述がなされている一方で，なぜそういえるのかを説明しているものは管見のかぎり見当たらない。まさに制度の「核心」に当たる部分の説明が欠落した状態が続いていたといえるだろう。

こうした学術的な不十分さに対して，幾ばくかの手当を施そうとしたのが本章であった。もちろんここでの検討作業もまた不十分なものではあるが，FWCAという「初期の公共政策」からの「経路依存性」に着目したことで，NEPAという「後発の公共政策」により誕生したアセスという制度の特徴が，これまでよりもわずかながら明らかになったように思われる。読者諸賢のご批判を乞いたい。

〔文献リスト〕

＜日本語文献＞
浅野直人 2011.「環境影響評価法の改正と今後の課題」環境法政策学会編『環境影響評価——その意義と課題』商事法務.
アレン，フレデリック・L. 1993.『オンリー・イエスタデイ——1920年代・アメリカ』（藤久ミネ訳）ちくま文庫.
及川敬貴 2003.『アメリカ環境政策の形成過程——大統領環境諮問委員会の機能』北海道大学図書刊行会.
――― 2015.「ニューディールと保全行政組織改革——改革はいかにして始まり，そして頓挫したのか？」寺尾忠能編『「後発性」のポリティクス——資源・環境政策の形成過程』アジア経済研究所.
及川敬貴・森田崇雄 2014.「米国環境アセスメント制度をめぐる近時の動向——環境審査とNEPA訴訟を中心に」『環境法研究』(39):87-116.
大塚直 2016.『環境法BASIC　第2版』有斐閣.
小塩和人 2006.「アメリカ合衆国の環境史」小塩和人・岸上伸啓編『アメリカ・カナダ——朝倉世界地理講座　大地と人間の物語』朝倉書店.
喜多川進 2015.『環境政策史論——ドイツ容器包装廃棄物政策の展開』勁草書房.
北村喜宣 2015.『環境法』有斐閣.
クローニン，ジョン　ロバート・ケネディ・ジュニア 2000.『リバーキーパーズ——ハドソン川再生の闘い』（野田知佑監修・部谷真奈美訳）朝日新聞社.
作本直行 2014.「アジア諸国の環境アセスメント制度——ミャンマーの二〇一二年

環境保全法と二〇一三年第四次環境アセスメント法案の検討を中心に」『環境法研究』(39):57-86.
佐藤仁 2011.『「持たざる国」の資源論──持続可能な国土をめぐるもう一つの知』東京大学出版会.
鈴木光 2007.『アメリカの国有地法と環境保全』北海道大学出版会.
寺尾忠能 2013.『環境政策の形成過程──「開発と環境」の視点から』アジア経済研究所.
─── 2015.『「後発性」のポリティクス──資源・環境政策の形成過程』アジア経済研究所.
ナッシュ, R. F. 2004.『アメリカの環境主義──環境思想の歴史的アンソロジー』(松野弘監訳) 同友館.
西澤栄一郎・喜多川進 2017.『環境政策史──なぜいま歴史から問うのか』ミネルヴァ書房.
畠山武道 1992.『アメリカの環境保護法』北海道大学図書刊行会.
─── 1999.「アメリカ合衆国の環境法の動向」森嶌昭夫・大塚直・北村喜宣編『ジュリスト増刊環境問題の行方──新世紀の展望2』有斐閣.

<英語文献>

Andrews, Richard N.L. 2006. *Managing the Environment, Managing Ourselves: A History of American Environmental Policy (2nd ed.)*. New Heaven: Yale University Press.

Bean, Michael J. and Melanie J. Rowland 1997. *The Evolution of National Wildlife Law (3rd ed.)*. Westport, Connecticut: Praeger.

Brooks, Karl Boyd 2009. *Before Earth Day : The Origins of American Environmental Law, 1945 – 1970*. Lawrence: University Press of Kansas.

Clawson, Marion 1963. *Land and Water for Recreation: Opportunities, Problems, and Policies*. Chicago: Rand McNally and Co.

Clements, Kendrick A. 2000. *Hoover, Conservation, and Consumerism: Engineering the Good Life*. Lawrence: University Press of Kansas.

Hays, Samuel P. 1959. *Conservation and the Gospel of Efficiency: The Progressive Conservation Movement 1890-1920*. Cambridge: Harvard University Press.

Maher, Neil M. 2008. *Nature's New Deal: The Civilian Conservation Corps and the Roots of the American Environmental Movement*. Oxford: Oxford University Press.

Nixon, Edgar B.,ed. 1972. *Franklin D. Roosevelt & Conservation 1911-1945*. New York: Arno Press.

Phillips, Sarah T. 2007. *This Land, This Nation: Conservation, Rural America, and the

New Deal. Cambridge: Cambridge University Press.

Pierson, Paul 2004. *Politics in Time: History, Institutions, and Social Analysis.* Princeton: Princeton University Press.

Sutter, Paul S. 2001. "Terra Incognita: The Neglected History of Interwar Environmental Thought and Politics." *Reviews in American History* 29 (2):289-297.

Thelen, Kathleen 2004. *How Institutions Evolve: The Political Economy of Skills in Germany, Britain, the United States, and Japan.* Cambridge: Cambridge University Press.

第4章

豪州クライメート・コミッションの廃止と非政府組織としての再建の試み

喜多川　進

はじめに

　オーストラリアでは，クライメート・コミッション（Climate Commission）という気候変動問題に関する啓蒙活動を行う政府組織が，2013年に自由党のトニー・アボット（Tony Abbott）の首相就任にともない，廃止された。この廃止は，それまでの労働党政権による気候変動防止政策の撤回の一環として実施された。その後，クライメート・コミッションはクラウドファンディングによりクライメート・カウンシル（Climate Council）という民間組織として再建され，今日に至っている[1]。本章では，この政府組織の非政府組織への転換が何をもたらしたのかを明らかにする。

第1節　オーストラリアの気候変動防止政策の展開

　オーストラリア連邦政府が気候変動防止に本格的に取り組むようになった

---

[1] オーストラリアで廃止された政府組織がクラウドファンディングによって再建されたという事実を筆者が初めて耳にしたのは，東北大学の明日香壽川氏との対話を通じてであった。本研究のきっかけを与えてくださった明日香壽川氏に深く感謝する。

表 4-1　オーストラリアの連邦首相一覧（1996 年以降）

人名	政権与党	在任期間
ジョン・ハワード	自由党・国民党	1996 年 3 月 11 日～2007 年 12 月 3 日
ケビン・ラッド	労働党	2007 年 12 月 3 日～2010 年 6 月 24 日
ジュリア・ギラード	労働党	2010 年 6 月 24 日～2013 年 6 月 27 日
ケビン・ラッド	労働党	2013 年 6 月 27 日～2013 年 9 月 18 日
トニー・アボット	自由党・国民党	2013 年 9 月 18 日～2015 年 9 月 15 日
マルコム・ターンブル	自由党・国民党	2015 年 9 月 15 日～2018 年 8 月 24 日
スコット・モリソン	自由党・国民党	2018 年 8 月 24 日～現在

（出所）筆者作成。

のは，ジョン・ハワード（John Howard）が連邦首相を務めていた保守連合政権[2]の時期からである[3]。ハワード政権以降の政権の推移は，**表 4-1** のとおりである[4]。

　ハワード保守連合政権は 1998 年 4 月にオーストラリア温室効果防止局（Australian Greenhouse Office : AGO）を設置した。温室効果防止局は，1999 年 5 月に排出権取引に関するディスカッション・ペーパーを刊行するなど排出権取引に関心を示していた（Australian Greenhouse Office 1999）。その後も排出権取引は連邦政府内で検討されたものの，ハワード政権のもとでは導入されなかった。また，ハワード政権が京都議定書を批准しなかったことも特筆される。

　2007 年の総選挙の結果，労働党への政権交代が生じ，ケビン・ラッド（Kevin Rudd）が同年 12 月に首相に就任した。元外交官であったラッドは，党内基盤は弱かったものの，国民の人気に支えられた政治家であった。彼は

---

[2]　保守連合は，自由党と国民党によって構成される。
[3]　以下では，首相および大臣等の役職名はすべて当時のものとする。
[4]　本章脱稿後の 2018 年 8 月 24 日にスコット・モリソン（Scott Morrison）が連邦首相に就任した。

首相就任以前から，気候変動問題への取組みは環境面のみならず，経済，雇用，安全保障などの面からも重要であること，また，気候変動防止分野でオーストラリアはリーダーとなり得るとも述べ，この問題への強い関心を示していた（Rudd 2007）。ラッド政権は，発足直後に京都議定書を批准するとともに，気候変動省（Department of Climate Change）を新設するなど，気候変動問題に積極的に取り組む姿勢をみせた。そして，排出権取引制度の導入，および二酸化炭素排出量の2020年までの25％削減（2000年比）などを含む炭素汚染削減制度（Carbon Pollution Reduction Scheme）法案を議会に提出したが，上院では野党の保守連合が多数を占めていたために否決された（武田2014）。したがって，ラッド首相のもとでも，気候変動防止分野での具体的な成果は乏しかったといえる。

　支持率低下を背景にしたラッドの任期途中での辞任を受けて，2010年6月にジュリア・ギラード（Julia Gillard）[5]が首相に就任した。ギラードは，首相就任直後の2010年8月に総選挙に挑んだが，その選挙戦終盤には自身の政権では炭素税は導入しないと表明していた。しかし，ギラードはまもなくこの発言を見直す必要に迫られた。それは，この総選挙の結果，労働党は上下両院で単独過半数の議席に届かず，第2次ギラード政権は，緑の党および無所属の国会議員の協力を得て，労働党の少数与党政権として2010年9月に発足したからである。そして，気候変動防止対策の推進を求めた緑の党と無所属国会議員への譲歩のため，労働党は炭素価格付け制度（Carbon Pricing）[6]の導入を確約した。さらに，気候変動防止政策推進のための議論の場として，労働党，緑の党，そして2人の無所属国会議員から構成された超党派気候変動委員会（Multi-Party Climate Change Committee: MPCCC）が同

---

[5] 組合活動や労使関係の弁護士から政界入りしたギラードは，党内に支持基盤はあったが，国民の人気は高くなかったという点で，ラッドとは対照的であった。

[6] この炭素価格付け制度は，最初の3年間は固定価格の排出権取引制度を実施し，その後は変動価格によるキャップ・アンド・トレード型排出量取引制度に移行するものである（Talberg 2016, 146）。ギラード政権下で2012年7月に導入された。なお，この炭素価格付け制度は，アボット政権によって2014年7月に廃止された（Talberg 2016, 150）

年9月に内閣に設置された。この委員会での議論をとおしてクライメート・コミッションや，気候変動局（Climate Change Authority: CCA）[7]が生み出された（Macintosh and Denniss 2014, 196-205）。

なお，気候変動局は，「気候変動局法2011」（Climate Change Authority Act 2011）に基づいて2012年7月1日に設立された政府組織であり，その目的は，連邦政府に対して，キャップ（排出権の総量）の設定について，独立した立場からの専門的助言や気候変動に関する各種レビューを実施することなどである（Climate Change Authority 2013, 9）。

第2節　クライメート・コミッションの創設と活動概要

クライメート・コミッションは，ギラード政権の気候変動・エネルギー効率省（Department of Climate Change and Energy Efficiency）[8]のグレッグ・コンベット（Greg Combet）大臣が2011年2月10日に設置を宣言した，独立した政府組織である。コンベット大臣による設置宣言文書"Launch of the Climate Commission"によれば，クライメート・コミッションは，気候変動科学の解説，オーストラリアへの気候変動の影響の解説，気候変動に対処する国際的行動の進展に関する報告，炭素価格付け制度の目的および効果の説明を任務とし，その事務局は気候変動・エネルギー効率省内に置かれた（Combet 2011）。本文書によれば，この組織に義務づけられた公共へのアウトリーチ活動のなかには，気候変動に関する啓蒙以外に，気候変動問題に効果的に取り組むうえでの炭素価格付け制度の役割の説明，さらに炭素価格付け制度の機能とその経済・地域への相互作用の説明が組み込まれていた。

---

[7]　気候変動局（CCA）は，気候変動省（Department of Climate Change）とは別の独立した組織である。
[8]　気候変動・エネルギー効率省は，気候変動省が改組されて2010年3月8日に設立された。

政権運営において不可欠のパートナーであった緑の党および無所属国会議員の要望を受けて，ギラード政権は炭素価格付け制度の導入をめざしたが，その導入に向けた合意形成のための情報提供をクライメート・コミッションは担ったのである。同文書では，クライメート・コミッションは気候変動に関する情報発信を行うが，政策に対するコメント，助言，勧告は行わない組織とされていた。このように組織の中立性がうたわれていたものの，実際には連邦政府による炭素価格付け制度導入を支援する役割がクライメート・コミッションに期待されていたといえる。

ティム・フラナリー（Tim Flannery）教授がクライメート・コミッションのチーフ・コミッショナーに任命されるとともに，フラナリー以外の5人のコミッショナーの名前も先の設置宣言文書の中で公表された（Combet 2011）。それらのメンバーの一覧は，**表 4-2** のとおりである。フラナリーは生態学者でありつつ，BBCやオーストラリア公共放送ABCなどでサイエンス・コミュニケーターとしても活躍し，2007年に「オーストラリア・オブ・ザ・イヤー」を受賞するなど，一般にも知名度の高い人物である。フラナリー以外のメンバーも，学界あるいは産業界出身の著名な専門家である。

また，コミッショナーを支援するサイエンス・アドバイザリー・パネルも設置された。このパネルのメンバーは，オーストラリア国内の気候変動分野の8人の著名な自然科学者によって構成された。そして，クライメート・コミッションの諸業務は，気候変動・エネルギー効率省職員によって担われた（Combet 2011）。クライメート・コミッションの予算額は，2010/11年度が78万1000豪ドル（約6000万円），2011/12年度，2012/13年度，2013/14年度がいずれも160万豪ドル（約1億3000万円）であった（Commonwealth of Australia 2011, EC39）[9]。

クライメート・コミッションの主要な活動のひとつが，気候変動に関する報告書 The Critical Decade（危機の10年）シリーズの刊行であった。2011

---

9) オーストラリアの会計年度は7月1日から翌年6月30日までである。

表4-2 クライメート・コミッションのコミッショナー一覧

人　名	専門分野，主な経歴
Prof. Tim Flannery	アデレード大学教授などを歴任，気候変動分野での著名な著述家
Prof. Will Steffen	オーストラリア国立大学教授，気候科学者
Dr. Susannah Eliott	サイエンス・コミュニケーター
Mr. Gerry Hueston	BP Australia 元会長
Mr. Roger Beale	元環境・遺産省事務次官，IPCC 第4次報告書リードオーサー
Prof. Lesley Hughes	マコーリー大学教授，生物科学者，IPCC 第4次報告書リードオーサー

(出所) Combet (2011) より筆者作成。

年5月に公表されたシリーズ第1弾の *The Critical Decade: Climate Science, Risks and Responses* は，第1章「気候変動科学の展開」(Developments in the Science of Climate Change)，第2章「気候変動にともなうリスク」(Risks Associated with a Changing Climate)，第3章「排出削減のための科学の意味」(Implications of the Science for Emissions Reductions) の3章から構成されている (Steffen 2011)。

　この報告書は，気候変動に関する最新の科学的知見のレビューを目的としており，とくに政策形成の支援と気候変動がオーストラリアに及ぼすリスクの周知をめざしている (Steffen 2011, 3)。たとえば，世界での平均気温や海面の上昇データを示すにとどまらず，気候変動とオーストラリア国内での近年の山火事 (bushfire) や洪水の関係性を指摘している。また，オーストラリアの観光産業において重要な存在であるグレート・バリア・リーフ (Great Barrier Reef) のサンゴ礁が，海水温上昇や海洋酸性化により白化が進んでいることも指摘した。そして，今後の対応として，2020年までの10年間はクリティカルであり，2℃目標 (世界全体の平均気温の上昇幅を産業革命以前と比べ2℃未満に抑えるという国際的な目標) の達成のために，発電，インフラ，

輸送セクターにおける，低炭素およびゼロ炭素技術への早急な投資が提案された。

クライメート・コミッションは設立から廃止に至る約2年半のあいだに，平均すると2カ月に1冊のペースで *The Critical Decade* シリーズを発行した。それらは，異常気象，再生可能エネルギーといった個別のテーマに特化したものや，国内各州・地域での気候変動が引き起こす問題に焦点を絞り，地域住民の啓蒙をねらったものなどで構成されている。

同シリーズ第1弾の *The Critical Decade: Climate Science, Risks and Responses* は，どちらかといえば一定の知識を必要とする「読み物」であったが，*The Critical Decade: Generating a Renewable Australia*（2012年11月刊行）や *The Critical Decade: Australia's Future: Solar Energy*（2013年8月刊行）などには，冒頭への要約掲載や豊富なイラストを通じて理解を容易にする工夫を見出だせる。この *The Critical Decade* シリーズは，研究者によって頻繁に引用されただけでなく，オーストラリア国内の新聞等のメディアにおいても幅広く紹介された。

第3節　アボット政権誕生によるクライメート・コミッションの廃止

アボットは，野党自由党党首時以来，ギラード政権の気候変動防止政策に対して容赦ない批判を行ってきた人物であり（Rootes 2014, 166），2013年実施の総選挙の勝利を経て首相に就任した。「気候変動に関する議論は，まったくのたわごとだ」（Marr 2012, 73）と公言するほどであったアボットは，気候変動問題を担当する環境大臣にグレッグ・ハント（Greg Hunt）を任命した。そのハントは，アボットの地球温暖化否定発言に同調する政治家であった。一例をあげよう。2013年10月にシドニー近郊で前例にない規模の山火事が起きた際に，アボットはその山火事と気候変動の関連性はないと主張し

た（Griffiths 2013）。このアボットの見解に対して，ハントは，同じく山火事と気候変動の関連性を否定するとともに，ウィキペディアに依拠しつつ，山火事はオーストラリアの生活の一部にすぎないと応じた（Davidson 2013）。

この布陣のもとで，アボット政権は前政権の気候変動防止に関する一連の政策の撤回に着手した。その嚆矢が，クライメート・コミッションの廃止であった。クライメート・コミッションの解散は，アボット政権誕生直後の2013年9月19日にハント環境大臣によって発表された。ハント大臣は，クライメート・コミッション廃止の理由として政府組織の合理化をあげ，クライメート・コミッションの業務は新設された環境省（Department of Environment）が引き継ぐとした。また，この廃止により，年間160万豪ドルに及ぶクライメート・コミッションの予算が削減されるとした（Hunt 2013）。しかし，その経費削減効果は小さく，本当の廃止理由はイデオロギー的なものではないかとささやかれた（Rootes 2014, 171）。

クライメート・コミッション廃止は国内の各種メディアで取り上げられる大きなニュースとなった。全国紙 *Sydney Morning Herald* では，1面の上半分にフラナリーの写真を配してこのニュースを取り上げた（Arup and Hannam 2013）。保守系日刊紙 *Australian* は，クライメート・コミッションへの一定の批判も加えつつ，この廃止ニュースを1面記事とした（Lloyd and Kenny 2013）。

アボット政権による気候変動防止政策の撤回は，クライメート・コミッションの廃止にとどまらなかった。同政権は，誕生と同時に気候変動局（Climate Change Authority）の廃止に向けても動き出した。ただし，設置法によらずに設立されたクライメート・コミッションとは異なり，気候変動局法2011（Climate Change Authority Act 2011）に基づいて設立された気候変動局の廃止には，同局廃止法案の議会での可決が必要になる。次の改選となる2014年7月までは労働党と緑の党の議員が優勢な上院では，廃止法案が可決される見通しはなかった（Rootes 2014, 171）。

2014年7月以降も保守連合政権が継続しているが，上院での議席状況な

どから気候変動局廃止法案は可決されていない。ただし、その予算は削減されている（Talberg 2016, 149）[10]。

第4節　クライメート・カウンシルの設立と活動内容

4-1　クライメート・カウンシルの設立[11]

　2013年の総選挙期間中にアボットは，総選挙に勝利して自身が首相になった場合には，クライメート・コミッションを廃止すると明言していた。そのため，クライメート・コミッションのメンバーは，総選挙後にアボット政権が誕生し，クライメート・コミッションが廃止される場合を想定して，対応策を協議していた。

　クライメート・コミッションに代わる組織をクラウドファンディングによって創設しようというアイディアは，アマンダ・マッケンジー（Amanda McKenzie）によるものであった。当時，マッケンジーはクライメート・コミッションのシニア・コミュニケーション・アドバイザーを務めていた。彼女は，オーストラリアの気候変動分野の重要なNGOで10万人以上の会員を誇るオーストラリア青年気候変動連合（Australian Youth Climate Coalition）の共同創設者であり，オーストラリアの環境大臣が選ぶ2009年のヤング・エンバイロンメンタリスト・オブ・ザ・イヤーに輝いたことでも知られていた（Climate Council of Australia 2014, 21）。

10）その結果，気候変動局の職員数は減少している。気候変動局の職員数は2013年6月30日時点では32人であった（Climate Change Authority 2013, 22）。しかし，その後予算削減に加え，事務所のメルボルンからキャンベラへの移転なども影響し，2017年6月30日時点では9人に激減した（Climate Change Authority 2017, 30-31）。

11）本項の記述はとくに断りがないかぎり，ウィル・ステファン（Will Steffen）への筆者によるインタビューに依拠している（2017年1月3日，オーストラリア，キャンベラ首都特別地域にて実施）。クライメート・コミッションのコミッショナーであった彼は，クライメート・カウンシル設立後はカウンシラー（第4節4-2参照）を務めている。

クライメート・コミッション内での協議を経て，クラウドファンディングの利用が最善の再建策とされた。そして，アボットによるクライメート・コミッション廃止発表の数日後の真夜中に，アマンダ・マッケンジー，ティム・フラナリー，ウィル・ステファンなどがシドニーのホテルの一室に集まり，クライメート・カウンシル創設のためのクラウドファンディングを開始した。その時点では，クライメート・コミッションのメンバーには，クラウドファンディングが成功するという確信はなかったという。

クライメート・カウンシル創設後初の年次報告に寄せられたフラナリーとマッケンジーによる共同メッセージによれば，クライメート・カウンシルには，わずか10日間のうちに1万6000人以上の人々から110万豪ドル（約8800万円）の寄付が寄せられた。これは，その時点でオーストラリア最大のクラウドファンディングキャンペーンであった（Climate Council of Australia 2014, 6）。このようにして，寄付で運営される民間組織であるクライメート・カウンシルが2013日9月23日に設立された。

4-2　クライメート・カウンシルの活動内容

新生クライメート・カウンシルも，気候変動防止のための科学的根拠に基づいた啓蒙活動を主としており，組織の目的はクライメート・コミッションと基本的に同じである。かつてのコミッショナーがカウンシラー（Councillor）と呼ばれるようになった[12]。そして，アマンダ・マッケンジーがクライメート・カウンシルのCEOに就任した。2017年時点では，カウンシラーを14人の研究員，プロジェクト担当者，事務スタッフが支え，さらにボランティア等が業務をサポートしている（Climate Council of Australia 2017a, 41）。

クライメート・カウンシルは，2013年の設立以降，2018年までの期間に80以上の報告書を刊行しているが，2016/17年度には24の報告書（Climate

---

12）　コミッショナーのロジャー・ビール（Roger Beale）に代わり，ヴィーナ・サハチワラ（Veena Sahajwalla）とアンドリュー・ストック（Andrew Stock）がカウンシラーに就任した。その後，カウンシラーは若干交代して今日に至っている。

Council of Australia 2017a, 7）を発表した。そのテーマは，再生可能エネルギー，異常気象，気候変動と健康や経済との関係など，多岐にわたる。クライメート・カウンシルのメンバーがテレビ，新聞，雑誌などに登場してコメントを行うというのも従来どおりである。

政府組織のクライメート・コミッションから非政府組織のクライメート・カウンシルへの変化は，何をもたらしたのであろうか[13]。まず，この変化にともない，新組織は政府内の豊富な人的資源を失った。それは，クライメート・コミッションの事務局は，第2節で述べたとおり，気候変動・エネルギー効率省などの気候変動防止分野の省庁内に置かれていたためである[14]。その一方，政府から離れたことで，クライメート・カウンシルは何事にもフレキシブルに対応できるようになるとともに，意思決定や予算の執行などすべての業務が迅速化した。そして，特筆すべきこととして，クライメート・カウンシルの収入がクライメート・コミッション当時よりも増加したことが挙げられる。

クライメート・カウンシルの収支の推移は，**表 4-3** のとおりである。2016/17 年度の収入は約 314 万豪ドル（約 2 億 5000 万円）であり，地方自治体を含む 1 万 2000 人以上のサポーターからの寄付で占められる。2016/17 年度には，毎週あるいは毎月という定期的な寄付が 4440 人以上からあり，その平均額は 30 豪ドル（約 2400 円）であった（Climate Council of Australia 2017a, 34）。

クラウドファンディングが行われた初年度に比べ，翌年度は収入および寄付者数が減少したものの，それ以降は，順調に収入と寄付者数を増やしてい

---

13) この点については，ウィル・ステファンへの筆者によるインタビューに基づく（2017 年 1 月 3 日，オーストラリア，キャンベラ首都特別地域にて実施）。
14) なお，2013 年 3 月以降，クライメート・コミッションの事務局は，産業・イノベーション・気候変動・科学・研究・高等教育省（Department of Industry, Innovation, Climate Change, Science, Research and Tertiary Education）に移された（Department of Industry, Innovation, Climate Change, Science, Research and Tertiary Education 2013, 98）。

表4-3 クライメート・カウンシルの収支の推移

(単位:豪ドル)

年度	収入	支出	献金者数(概数)
2013/14	2,120,227	912,417	16,000人
2014/15	1,853,397	1,675,572	7,500人
2015/16	2,976,095	2,396,896	10,000人
2016/17	3,144,623	2,759,446	12,000人

(出所) クライメート・カウンシルの各年次報告より筆者作成。

る。クライメート・コミッションの予算額は、すでにみたとおり年間160万豪ドルであったので、ほぼ倍増したことがわかる。

　2016/17年度の支出は、約276万豪ドル(約2億2000万円)である。その内訳は、調査研究、報告書作成、各種情報発信、消防士・農家・再生可能エネルギー専門家などを含むスポークスマンのトレーニング経費の合計が64％、講演など地域での活動への参加が12％、ファンドレイジングおよびサポーターのコミュニティの運営経費が15％、事務的経費が9％となっている(Climate Council of Australia 2017a, 35)[15]。

　また、クライメート・カウンシルでは、啓蒙のための手段が従来よりも幅広くなり、気候変動問題に関するさまざまな情報公開を、ニュース・リリース、報告書、ビデオなどの形式で行い、ホームページ、ツイッターやフェイスブックといった新しい情報発信ツールの積極的な利用を進めている。

　クライメート・カウンシルのフェイスブックでは、24万1171人が「いいね」と評価し、23万6630人がフォローしている。また、そのツイッターのフォロワーは4万490人である。これは、フェイスブックで9万4376人が「いいね」ボタンを押し、28万7747人がフォローし、ツイッターのフォロワーは4万6000人にのぼる、オーストラリアの代表的な環境NGOであるWWF

---

15) この内訳において、人件費は関係する経費のなかに含まれている。

オーストラリアの数字に匹敵する（数字はいずれも2018年1月16日現在）。

　ほかに，2016/17年度に，クライメート・カウンシルは22本のビデオを制作した。そしてそれらを視聴した人数は2600万人とされる。視聴数が上位3位に入ったビデオのテーマは，かつての鉱業都市ブロークンヒルでの太陽光発電への転換，再生可能エネルギーの普及におけるイギリスと豪州の比較，南オーストラリア州で発生した暴風雨による大停電の原因が，再生可能エネルギーであるという見解に対する反論（後述）である（Climate Council of Australia 2017a, 15-16）。なお，ブロークンヒルでの太陽光発電への転換についてのビデオは，合計5万4000回視聴された（Climate Council of Australia 2017a, 18）。

　このような活動の成果として，クライメート・カウンシルが発信した気候変動分野の情報は各種メディアで2万8000本以上のニュースになり，延べ3億6000万人に届いたとされる（Climate Council of Australia 2017a, 11）。

　また，各種メディアの利用と並行して，地域に対する貢献活動（community engagement）も積極的に行っている。おもな地域貢献活動は，国内各地に出向いたクライメート・カウンシルのメンバーによる気候変動問題に関する講演やイベントの開催である。クライメート・コミッション当時は，この種の活動の実施件数は少なく，2012/13年度は5件にとどまっていた（Department of Industry, Innovation, Climate Change, Science, Research and Tertiary Education 2013, 98）。クライメート・カウンシルになってからは，2014/15年度には100以上のコミュニティでイベントやフォーラムを開催し，聴衆の合計は1万人以上にのぼるという。クライメート・カウンシルはとりわけ，地域の医療従事者，緊急サービス従事者，企業関係者への啓蒙に力を入れている（Climate Council of Australia 2015, 12）。この地域に出向いた催しの実施にはコストがかかるが，本節で触れたクライメート・カウンシルの収入増により，多くの地域での開催が可能になっている[16]。

16）2017年1月3日，オーストラリア，キャンベラ首都特別地域にて実施のウィル・ス

クライメート・カウンシルは，これらの日常的な活動に加えて，突発的な事態への対応も随時行っている。たとえば，2016年9月28日に，時速90キロメートル以上といわれる暴風雨が原因で22本の送電塔が倒れた結果，南オーストラリア州の州都アデレード周辺で90万世帯に及ぶ大停電が発生した。その際，この大停電の原因は40％以上にのぼる同州の再生可能エネルギーへの依存度の高さであるという誤った情報が各種メディアで伝えられた。クライメート・カウンシルはこの誤った情報を一掃すべく直ちに対応し，この暴風雨の翌日にはファクトシートを発表し，36時間後にはビデオをリリースした。このビデオはフェイスブックを通じて330万人に届いたとされる。また，カウンシラーはこの件について，テレビ番組や新聞で精力的にコメントを行い，とくにエネルギー企業出身のカウンシラーであるアンドリュー・ストックはウィル・ステファンとともに重要な役割を担った。これらの活動が功を奏したこともあり，その後の世論調査では73％の人々が，送電塔の倒壊が大停電の原因であると理解するようになったとされる（Climate Council of Australia. 2017a, 23-24）。

　さらに，クライメート・カウンシルは地方自治体の気候変動防止対策支援にも着手したが，この点については節を改めて述べてみたい。

第5節　クライメート・カウンシルの最近の特筆すべき活動

　オーストラリア連邦政府が，石炭業界をはじめとする産業界に配慮して気候変動防止に消極的であったとしても，地方自治体レベルでの気候変動防止政策の推進が温室効果ガス削減にきわめて重要であるとの理解から（Climate Council of Australia 2017b, 24），クライメート・カウンシルは2017年7月から新しい取組みに着手した。それが，シティーズ・パワー・パートナーシップ

　テファンへのインタビューによる。

(Cities Power Partnership: CPP) プログラムである。オーストラリアの地方自治体には，エネルギー効率向上，再生可能エネルギー，サステイナブルな交通といったプロジェクトに取り組むための知識やリソースが不十分であるという実情を，クライメート・カウンシルが過去の調査のなかで把握したことが，このプログラムを立ち上げた契機になった（Climate Council of Australia 2017a, 20）。このプログラムの概要は，以下のとおりである（Climate Council of Australia 2017c, 6-7）。

(1)趣旨に賛同する地方自治体が，CPPに参加しパワー・パートナーとなる。

(2)パワー・パートナーは，「オンライン・ナレッジ・ハブ」と呼ばれるウェブ上のデータベースにアクセス可能になる[17]。

(3)パワー・パートナーは，他の2つの地方自治体とペアを組み，1年のあいだ，知識を共有する。

(4)クライメート・カウンシルが提示した「パートナーシップ・アクション・プレッジ」と呼ばれる行動指針の中から，パワー・パートナーは5つのアクションを選び，6カ月間でそれらを実行する。「パートナーシップ・アクション・プレッジ」は，再生可能エネルギー，エネルギー効率，交通，アドヴォカシー[18]の4分野に大別され，再生可能エネルギーに関しては12件，エネルギー効率は5件，交通は8件，アドヴォカシーは7件の具体的なアクションが示されている。いくつかのアクションの事例を挙げると，再生可能エネルギー支援を行う担当者の雇用あるいは部署の設

---

17) オンライン・ナレッジ・ハブは，再生可能エネルギー，エネルギー効率，サステイナブルな交通に関する数百のリソースを蓄積・提供するサイトであり，パワー・パートナーのみが閲覧できる（http://citiespowerpartnership.org.au/knowledge-hub/, 2018年1月24日アクセス）。

18) Climate Council of Australia（2017c, 8）ではアドヴォカシーと表記されているが，Work together and influenceと称する場合もある（Climate Council of Australia, 2017c, 13）。

置(再生可能エネルギー),幼稚園,図書館,街灯,レクリエーションセンター,運動競技場,地方自治体の事務所といった地方自治体関係の建物への再生可能エネルギーの導入(再生可能エネルギー),エネルギー効率のよい照明の導入(エネルギー効率),電気自動車のための急速充電インフラの設置(交通),再生可能エネルギー,エネルギー効率,サステイナブルな交通に関する自治体職員・住民・企業向けの教育・行動改革プログラムの実施(アドヴォカシー)である。各地方自治体は,その現状に合わせ,身の丈にあったアクションを選定できるようになっている(Climate Council of Australia 2017c, 10-17)。

(5)パワー・パートナーは,オンライン・ナレッジ・ハブへのアクセスのみならず,国内外の専門家とのウェブ・セミナー参加や,コミュニケーションやアドヴォカシーのためのトレーニング受講が可能になる。

(6)パワー・パートナーのアクションに関する進行状況が,6カ月後に調査される。

このように,シティーズ・パワー・パートナーシップは,知識の共有,学習,誓約,評価を通じて地方自治体の気候変動防止能力を向上させるプログラムである。このプログラムは2017年7月にスタートし,2018年2月7日現在で国内の70の地方自治体がパワー・パートナーになっている。参加自治体は,シドニーやキャンベラといった大都市から小規模自治体まで,さまざまである[19]。これらの70の地方自治体は,人口に換算すれば約750万人規模とされ,オーストラリア国民の約3割に相当する[20]。第4節で述べたとおり,クライメート・カウンシルは,個人だけでなく地方自治体からも寄

---

19) クライメート・カウンシルが運営する次のサイトによる。http://citiespowerpartnership.org.au/wp-content/uploads/2018/01/list-of-first-second-round-councils-alphabetical-order_FINAL.pdf (2018年2月7日アクセス)。
20) クライメート・カウンシルが運営する次のサイトによる。http://citiespowerpartnership.org.au/power-partners/ (2018年2月7日アクセス)。

付を受けており，地方自治体と緊密な関係をもっていることもあって，クライメート・カウンシルのサポーターとなっている地方自治体はこのプログラムに関心を寄せやすいと考えられる。

　ここで，クライメート・カウンシルが，地方自治体の気候変動防止対策支援にも活動内容を発展させたことの意味を考えてみたい。まず，この新規プログラムの立ち上げは，活動を固定化させないという点で，従来のサポーターの継続的支援のみならず，新しいサポーターを得るうえで不可欠である。しかし，この新しい試みは，それだけにとどまらない，より大きな意味をもつ。すなわち，シティーズ・パワー・パートナーシップ・プログラムは，国レベルでは気候変動防止政策に消極的であったとしても，地方レベルで実効性ある取組みを進めることで，気候変動を防止する社会をつくるというメッセージを発している。

第6節　クライメート・カウンシル支持の背景

　本節では，クラウドファンディングによるクライメート・カウンシル創設が支援された背景を検討する。

　McLean and Fuller（2016）は，クライメート・カウンシル創設時のクラウドファンディングへの参加者に対して，クライメート・カウンシルと共同で行った調査結果をまとめたものである。この調査は電子メールで行われ，回答者は1万人を超えた。

　まず，「あなたはなぜクライメート・カウンシルをサポートするのか」という問いに対する自由記述回答を見てみよう。この問いについては，得られた8246人からの回答に対してランダムサンプリングが施され，分析のための100の回答が抽出された。

　その結果，クライメート・カウンシルの支援のおもな理由として，気候変動分野での一般の人々に対するサイエンス・コミュニケーションの必要性が

挙げられた。また，従来の政府組織を非政府組織にすることにより，政府の政策に対する影響力が増す可能性も，支援者に共有されていた。さらに，不偏不党の立場の科学者による組織の維持の必要性も，支援理由のひとつにあった。この背景には，オーストラリアでの気候変動に関する誤った情報の発信や，主要メディアでの質の低い報道に対する批判があった。なお，支持者は産業界からだけでなく政府からも独立した組織の設立を望んでおり，その理由として気候変動問題に対するアボット首相の誤った考えと，アボット政権の無知と無関心などを挙げた[21]。ほかに，家族や将来世代への責任もクラウドファンディング支援の動機になっていた。

「今後，自分が参加したいクライメート・カウンシルの活動は何か」という質問に対しては6537人からの回答があった。複数回答の選択が可能であったこの質問では，74％がソーシャルメディアでの情報の共有（シェア）をあげた。そして，「自らの専門的能力をボランティアとして提供」（約40％），「自分の地域のジャーナリストやリーダーへのクライメート・カウンシル保有情報の提供」（約30％），「自分の職場・地域でのクライメート・カウンシルの講演の企画」（約20％），「ユーチューブ上での専門家とのQ&Aセッションへの参加」（約10％）が続く[22]。

そして，今後のクライメート・カウンシルにとって，次の10種類の活動はどの程度重要かという質問には，8807人から回答が寄せられた。

---

21) アボットによる「気候変動に関する議論は，まったくのたわごとだ」という前出の発言はその一例である。アボットが気候変動否定発言をするたびに，クライメート・カウンシルへの寄付が増えるため，クライメート・カウンシルの最大の支持者はアボットではないかというジョークが交わされるほどである（2017年1月3日，オーストラリア，キャンベラ首都特別地域にて実施のウィル・ステファンへのインタビューによる）。

22) 「自分の地域のジャーナリストやリーダーへのクライメート・カウンシル保有情報の提供」と「自分の職場・地域でのクライメート・カウンシルの講演の企画」を行いたいという回答の一定数の存在は，前節で述べたシティーズ・パワー・パートナーシップをはじめとする地域レベルでの気候変動防止に関する取組みを進めるうえで重要であると考えられる。

第 4 章　豪州クライメート・コミッションの廃止と非政府組織としての再建の試み　137

・ジャーナリストへのブリーフィング
・気候変動に関する報告書刊行
・講演ツアー
・根拠のない説の一掃
・気候科学とその影響を理解するための一般向けライブ Q&A セッション
・一般向け情報普及講習会
・ソーシャルメディアで共有可能な情報提供のためのビデオやインフォグラフィックス[23]の制作
・サイエンス・コミュニケーションの支援
・一般の人々が友人に気候変動に関する情報を伝えるうえでのガイドラインの作成
・メディアで気候変動について語る

　回答者はこれらの 10 種類の活動からひとつ以上を選び，さらに選択した活動が,「非常に重要」「重要」「どちらでもない」「あまり重要ではない」「重要ではない」のいずれに当てはまるのかを答える。その結果,「非常に重要」が 50％を超えた活動は上から順に,「メディアで気候変動について語る」(85％強),「根拠のない説の一掃」(80％弱),「ジャーナリストへのブリーフィング」(70％),「気候変動に関する報告書刊行」(70％弱),「ソーシャルメディアで共有可能な情報提供のためのビデオやインフォグラフィックスの制作」(50％強) であった。また,「非常に重要」と「重要」を合計した割合は,「メディアで気候変動について語る」が 100％弱,「根拠のない説の一掃」「ジャーナリストへのブリーフィング」「気候変動に関する報告書刊行」の 3 つが 95％程度,「ソーシャルメディアで共有可能な, 情報提供のためのビデオやインフォグラフィックスの制作」が 90％弱であった。したがって, ク

---

23)　インフォグラフィックスとは，情報・データ・知識などを視覚的に表現した図表などを指す。

ラウドファンディング支援者はこれらの上位5つの活動をクライメート・カウンシルに対して強く求めていることが明らかになった。なお,「気候科学とその影響を理解するための一般向けライブ Q&A セッション」「一般向け情報普及講習会」「サイエンス・コミュニケーションの支援」「一般の人々が友人に気候変動に関する情報を伝えるうえでのガイドラインの作成」の4つの活動についても回答者の40％前後が「非常に重要」としており,いずれも「非常に重要」と「重要」を合わせると約8割に達する。

　McLean and Fuller（2016）によると,このクラウドファンディングのサポーターの回答は,政治家や石炭業界関係者などの地球温暖化問題を無視・批判する勢力が絶えないオーストラリアにおいて,一般の国民とジャーナリストへの啓蒙活動の重要性が痛感されている実態を明らかにしている,という。そして,これらのサポーターは,その啓蒙の手段として,各種メディアでの情報発信,報告書刊行,ソーシャルメディアでの情報共有・拡散を有効な手段として認識しており,政府から独立した非政府組織になることへの高い期待をもっているとしている。サポーター自身が行おうとしている活動は,おもにクライメート・カウンシルへの寄付と気候変動をめぐる情報の拡散という日常的な活動であり,参加が容易なものである。その一方で,ボランティアとしての参加や,地域でのクライメート・カウンシルにかかわる何らかの活動への参加を考えている支援者も一定程度存在していることは注目に値する。

　政府の政策に不満であったとしても,従来のラディカルな社会運動への参加を躊躇する人は少なくない。クライメート・カウンシルは,そうした人々が政府とは異なる政策をめざして結集する場をつくりだしたといえる。

第 7 節　他の政府組織の廃止事例との比較

　政府組織が廃止される例は僅少である[24]。それは，廃止された政府組織は何らかのかたちで継承されることが多いからである（岡本 2003, 163）。一方，アメリカ合衆国行政会議（Administrative Conference of the United States: ACUS）のように，連邦政府の予算削減により 1995 年に予算がつかなくなって活動を停止したものの，オバマ政権期に再び予算がつくことになり，2010 年に活動を再開したという事例も存在する[25]。そのような状況のなかで，廃止された政府組織として知られるのが，アメリカ合衆国の技術評価局（Office of Technology Assessment: OTA）である[26]。本節では，この技術評価局とクライメート・コミッションの廃止に関する若干の比較を行う。

　技術評価局は，議会活動のためのテクノロジー・アセスメントを行う連邦議会の立法補佐機関であり，1972 年に設置された。そして，共和党が多数派を形成する連邦議会において，経費削減を理由に 1995 年にこの組織は廃止された（田中 2007; Leary 1995）。

　田中（2007, 103）によれば，「OTA の常勤職員数は，1970 年代後半以降，おおむね 130 〜 140 人で推移し，解散直前の 1994 年度の常勤職員は 143 人（一時雇用職員を含めた全体数は約 200 人）で，このうちの 8 割が技術分析を担

---

24) 政府組織の廃止は，政治学における「政策終了論」（policy termination）のなかの研究テーマのひとつである。政策終了論については，岡本（2003），山谷（2012）を参照されたい。なお，政策終了論の中心的関心は，政策終了の過程や要因の分析にある。そのため，本章の問題関心は政策終了論のそれとは異なる。
25) アメリカ合衆国行政会議は，1964 年の合衆国行政会議法により設置された独立の連邦行政機関であり，行政手続に関する調査研究を実施し，連邦行政機関，連邦議会，連邦大統領，合衆国司法会議等への勧告を行う。その活動内容等については，常岡（1998），宇賀（2000），日本弁護士連合会行政訴訟センター（2011）を参照されたい。アメリカ合衆国行政会議については，名城大学の北見宏介氏にご教示いただいたうえ，一部の参考文献をご提供いただいた。記して感謝したい。
26) 技術評価局（OTA）の活動内容については，田中（2007），Sadowski（2015）を参照されたい。

当する専門職員，残りが管理部門の職員であ」り，「OTA の年間予算額は，最終年度の 1995 年度で約 2,200 万ドル（約 20 億円）であり，全体の 7 割を人件費が占め」ていた。

廃止された技術評価局に在籍していた職員は，技術評価研究所（Institute for Technology Assessment: ITA）という民間組織を立ち上げた（Wood 1997, 160）。同研究所は，民間の財団から財政支援を仰ごうと試みたが実現しなかった。それは，連邦議会が廃止した組織への財政支援は，連邦議会との関係悪化を招くと財団側が判断したためとされる（Macilwain 1996, 571）。

行政庁が廃止された場合，民間組織によるその代替は困難であるが，行政権限を行使しない政府組織やサービス実施部門であれば，民間の寄付による再建の余地はある[27]。しかし，技術評価局の事例は，特定の民間財団による，廃止された政府組織の財政支援，あるいは継承の難しさを示している。さらに，技術評価局は人件費の割合が大きいため，民間による組織再建は厳しかった。

一方，クライメート・コミッションの予算規模は技術評価局よりも一桁小さいうえに，ほとんどのクライメート・コミッションのメンバーは他の組織で雇用されていたため，人件費の確保を考慮せずに，新組織としてクライメート・カウンシルを立ち上げることができた。かつての政府組織を民間組織として継承する際の財源が寄付である場合には，寄付が想定額を下回れば人件費の捻出が難しくなり，スタッフの継続雇用を困難にする。翻って，クライメート・カウンシルの場合は，2017 年の時点で 9 人のカウンシラーのほとんどが学者や元大企業幹部であり，14 人のスタッフ以外はフリーランスおよびボランティアを活用しているため（Climate Council of Australia 2017a, 37-39,41），寄付額に応じて人件費を調節しやすい構造である。

また，クライメート・コミッションのケースと異なり，技術評価局の廃止はアメリカ合衆国国民の大きな関心を引き起こすものでもなかった。クライ

---

27) この点に関しては，山梨大学の藤原真史氏のご教示による。記して感謝したい。

メート・コミッションの廃止は，アボット首相による労働党政権期の政策撤回の幕開けとして，オーストラリアの全国紙の1面を飾るなど世論の関心も高かった。一方，*New York Times* が報じた技術評価局の廃止記事である Leary（1995）は26面の掲載であった。

このように，技術評価局の事例に比べ，クライメート・コミッションの場合には，民間組織として再建しやすい条件が揃っていた。しかし，それらの条件のみがクライメート・コミッションをクライメート・カウンシルとして再生させたのではない。次節では，序章で触れられた本書の問題意識をふまえて，この2つの組織の意味を検討してみたい。

第8節　クライメート・カウンシルの設立に至る過程
── 「初期」性，後発性，経路依存性からの検討──

本書序章において寺尾忠能は，「比較的新しい公共政策である資源環境政策では，現在もその形成過程の初期にすぎないのかもしれない。『後発の公共政策』である資源環境政策は，経済開発政策等の他の公共政策の体系がすでに存在する狭間で形成され，発達してきた」と述べ，環境政策研究にあたり，環境政策の「初期」性，産業政策・経済政策などの伝統的な公共政策と比較した場合の後発性，さらに，経路依存性に注目すべきであると説いた。本節では，これらの視点から本事例をとらえなおしてみよう。

オーストラリアでは，京都議定書への批准がラッド首相誕生直後の2007年12月であり，ラッド政権以降に実質的な気候変動防止政策に着手した。その意味で，本章で取り上げた事例は，同国の気候変動防止政策の「初期」段階といえよう。また，世界有数の石炭産出国であり，石炭産業の経済的・政治的影響力が大きいオーストラリアでは，石炭関連の産業・経済政策が先行し，気候変動防止政策は「後発の公共政策」である。

第1節で触れたとおり，ラッドはオーストラリアの気候変動防止政策の

「初期」段階において，気候変動防止の必要性を環境保護という視点からだけではなく，経済，雇用，安全保障などと結びつけて訴えた。それは，気候変動防止政策の「後発性」の一掃をねらった企てともいえる。しかし，ラッド政権のもとでのその試みは，失敗に終わった。したがって，続くギラード政権の誕生時点においても，気候変動防止政策は，「初期」かつ後発のままであった。

しかし，その状況のなかで起きたいくつかの偶発的な出来事が，クライメート・コミッションおよびクライメート・カウンシルを生み出した。まず，ギラード政権がオーストラリア政治史上，まれな少数与党政権となり，気候変動防止政策の推進をめざす緑の党と無所属の国会議員の協力なしでは政権運営ができなかったことである。そして，気候変動防止政策に取り組まざるを得なくなったギラード政権は，その政策の一環としてクライメート・コミッションを設立した。その後のアボット政権誕生によるクライメート・コミッションの廃止，さらにクラウドファンディングによる非政府組織としての再建も偶発的な出来事といえる。

ある時点における事象やその過程がのちの事象や過程を強く制約したという意味で，クライメート・コミッションがクライメート・カウンシルとなって発展的に継承されているさまは「経路依存的」ということができよう。いくつかの偶発的な出来事の影響を受けているものの，それらの根底にあるのはクライメート・コミッションという，気候変動問題に関して科学的に調査・分析を行い発信する組織が，約2年半という短い期間ではあるが，存在していたという事象である。その事象が，いくつかの偶発的な出来事と，第6節でみたような支持理由と第7節に示した民間組織として再建しやすい条件を受けてクライメート・カウンシルの設立につながった。したがって，本章でみた，廃止された政府組織がクラウドファンディングにより非政府組織として蘇るという類いまれな事例は，オーストラリア気候変動防止政策における「初期」段階でのクライメート・コミッションの偶発的な設立が引き金となり，経路依存とさらなる偶発的な出来事を経て生み出されたといえる。

おわりに

クライメート・カウンシルは，気候変動防止政策に背を向ける保守連合政権に対してノーという意思を表明し続ける象徴的存在である。アボットの後継首相であるマルコム・ターンブル（Malcolm Turnbull）も気候変動防止に積極的であったとはいえない。それを象徴するのが，インドの複合企業アダニ・グループがオーストラリアで計画している同国最大規模の炭鉱開発に対するターンブル政権の支持である（Climate Council of Australia 2017a, 26）。

一方，気候変動防止政策推進において，労働党も期待できるわけではない。ラッド首相は，気候変動防止を重要な政策課題とした。しかし，排出権取引制度の導入を含む炭素汚染削減制度は挫折し，具体的な成果は残らなかった。また，気候変動防止政策推進を主張していた緑の党と無所属国会議員の協力によって政権運営が可能になったという制約がなければ，ギラード首相は気候変動防止政策に積極的に取り組まなかった可能性もある。そして，緑の党は国会では数議席にとどまる弱小勢力であり，ギラード政権を閣外から支えた時期を除いては，国政での影響力は小さい。したがって，国政では気候変動防止政策推進に関して，いずれの政党にもほとんど期待できない状況である。

その状況のなかで，クライメート・カウンシルはいまや象徴的な存在を超えて，実効性ある気候変動防止対策を推進する非国家アクターとなりつつある。クライメート・コミッション当時よりも財政的に豊かになったことや，政府の意向に左右されずに新たな活動の展開が可能になったことから，クライメート・カウンシルは，地方自治体の気候変動防止政策支援という新しい取組みに着手した。このシティーズ・パワー・パートナーシップには，地方自治体の気候変動防止政策の底上げが期待される。

アボットの意に反して，クライメート・コミッションの廃止は，気候変動分野でのオーストラリア最大の非国家アクターであるクライメート・カウン

シル（組織）とそれを支えるサポーター（人）を生み出し，連邦政府の姿勢とは異なる，地方自治体レベルでの気候変動防止政策を推進しつつある。クライメート・カウンシルという非国家アクターによる，サポーターやコミュニティと連携した地域レベルでの政策推進には，2大政党制のもとで停滞する気候変動防止分野において，新しい道を切り拓く可能性がある。クライメート・カウンシルの今後の動向に注目したい。

〔参考文献〕

＜日本語文献＞
宇賀克也 2000.『アメリカ行政法 第2版』弘文堂.
岡本哲和 2003.「政策終了論――その困難さと今後の可能性」足立幸夫・森脇俊雅編『公共政策学』ミネルヴァ書房.
武田美智代 2014.「立法情報 オーストラリア 炭素税廃止法案の提出」『外国の立法』258(1):22-25.
田中久徳 2007.「米国における議会テクノロジー・アセスメント――議会技術評価局（OTA）の果たした役割とその後の展開」『レファレンス』57(4):99-115.
常岡孝好 1998.「行政手続改革・行政改革と合衆国行政会議（ACUS）」常岡孝好編「行政立法手続――諸外国の動向と日本法の課題」信山社.
日本弁護士連合会行政訴訟センター 2011.「行政救済制度3論点に関するアメリカ調査報告書」（非売品）日本弁護士連合会行政訴訟センター.
山谷清志 2012.「政策終了と政策評価制度」『公共政策研究』12:61-73.

＜英語文献＞
Arup, Tom and Peter Hannam 2013. "Climate Warrior an Early Victim of New Government's Axe." *Sydney Morning Herald*. 20 September.
Australian Greenhouse Office 1999. "National Emissions Trading: Establishing the Boundaries." Discussion Paper 1. Canberra: Australian Greenhouse Office.
Climate Change Authority 2013. *Annual Report 2012-13*. Melbourne: Climate Change Authority.
――― 2017. *Annual Report 2016-17*. Canberra: Climate Change Authority.
Climate Council of Australia 2014. *Climate Council Annual Report 2014*. Climate Council of Australia.

――― 2015. *Climate Council Annual Report 2014-2015*. Climate Council of Australia.
――― 2017a. *Climate Council: Annual Report 2016-17*. Climate Council of Australia.
――― 2017b. *Local Leadership: Tracking Local Government Progress on Climate Change*. Climate Council of Australia.
――― 2017c. *Cities Power Partnership: Information for Councils*. Climate Council of Australia.
Combet, Greg (Minister for Climate Change and Energy Efficiency) 2011. "Launch of the Climate Commission." Media Release, 10 February (https://parlinfo.aph.gov.au/parlInfo/download/media/pressrel/544780/upload_binary/544780.pdf, 2016年12月14日アクセス).
Commonwealth of Australia 2011. *Official Committee Hansard, Senate, Environment and Communications Legislation Committee, Estimates (Additional Estimates)*. 21 February. Canberra.
Davidson, Helen 2013. "Greg Hunt Uses Wikipedia Research to Dismiss Climate Change-Bushfires Link." *Guardian*. 24 October (http://www.theguardian.com/world/2013/oct/24/greg-hunt-wikipedia-climate-change-bushfires?CMP=twt_gu, 2018年2月4日アクセス).
Department of Industry, Innovation, Climate Change, Science, Research and Tertiary Education 2013. *Annual Report 2012-13*. Canberra: Department of Industry.
Griffiths, Emma 2013. "Tony Abbott Accuses UN Official of 'Talking through Her Hat' on Climate Change." *ABC News*. 23 October (http://www.abc.net.au/news/2013-10-23/tony-abbott-fires-climate-change-rfs-un/5039932, 2018年2月8日アクセス).
Hunt, Greg (Minister for the Environment) 2013. "Streamlining Government Processes by Dissolving the Climate Commission." Media Release. 19 September (http://www.environment.gov.au/minister/hunt/2013/mr20130919.html, 2017年10月13日アクセス).
Leary, Warren E. 1995. "Congress's Science Agency Prepares to Close Its Doors." *New York Times*. 24 September.
Lloyd, Graham and Chris Kenny 2013. "The Winds of Political Change Blow Away Climate Bureaucracy." *Australian*. 20 September.
Macilwain, Colin 1996. "No Resuscitation for US Technology Office, Closed by Congress." *Nature*. (379):571.
Macintosh, Andrew and Richard Denniss 2014. "Climate Change." In *The Gillard Governments: Australian Commonwealth Administration 2010-2013*, edited by Chris Aulich. Carlton, Victoria: Melbourne University Press.
Marr, David 2012. "Political Animal: The Making of Tony Abbott." *Quarterly Essay*.

47:1-100.

McLean, Jessica Emma and Sara Fuller 2016. "Action with(out) Activism: Understanding Digital Climate Change Action." *International Journal of Sociology and Social Policy*. (36)9/10:578-595.

Rootes, Christopher 2014. "A Referendum on the Carbon Tax? The 2013 Australian Election, the Greens, and the Environment." *Environmental Politics*. 23(1):166-173.

Rudd, Kevin 2007. "Climate Change: Forging a New Consensus, Transcript of Opening Remarks to the National Climate Change Summit." Canberra: Parliament House. 31 March.

Sadowski, Jathan 2015. "Office of Technology Assessment: History, Implementation, and Participatory Critique." *Technology in Society*. (42): 9-20.

Steffen, Will 2011. *The Critical Decade: Climate Science, Risks and Responses*. Canberra: Climate Commission Secretariat, Department of Climate Change and Energy Efficiency.

Talberg, Anita 2016. "The Climate Policy Carousel." In *From Abbott to Turnbull: A New Direction?: Australian Commonwealth Administration 2013-2016*, edited by Chris Aulich. West Geelong: Barrallier Books.

Wood, Fred B. 1997. "Lessons in Technology Assessment: Methodology and Management at OTA." *Technological Forecasting and Social Change*. (54)2/3: 145-162.

第 5 章

深い統治

――東南アジアの灌漑と国家権力の浸透――

佐藤　仁

はじめに

　民主的な国家であれ，独裁的な国家であれ，国家には内在的に拡張する傾向があることは広く知られてきた。熟議に基づいてチェックとバランスの抑制作用が機能しているはずの民主主義国家でさえ，福祉や教育，防衛や貿易の分野を中心に国家の機能は大きく拡大してきた。また地理的な側面でも，国家はそれまで辺境の少数民族による自治が支配的であったような土地に学校や保健所などを建設し，その地域の人々を徐々に編入して，国家の秩序に従う人々を生み出すことに成功してきた（Scott 1998）。

　このようにして国家権力の拡張を論じるときに，しばしば論者が陥りやすいのが，国家権力と，それに抵抗する在野勢力という二項対立的な図式である。たとえば，東南アジア地域研究では基本文献となっているジェームズ・スコットの一連の著作，とくに 2009 年に原著が出版された『ゾミア』は，この二項対立的な図式を上塗りするものになっている（スコット 2013）。この本におけるスコットの立場は，国家と山地民という「二項」が決して固定的なものではなく，互いに流動的に行き来しながら戦略的に立場を変えてきたという主張をしている点で従来型の固定的な二項対立とは違っている。だが国家権力を，その勢力圏の外にいる人にとっては忌み嫌うべき敵対勢力と

して描き出している点に変わりはない。

　本章では，灌漑建設というインフラ事業を通じて国家権力が地域住民に歓迎される場合に着目し，近代化の初期段階において灌漑を介した国家権力の浸透メカニズムを読み解く枠組みを提示する。この作業によって，従来のような地域住民と敵対する国家，あるいは国家の領土拡大志向という前提をのりこえ，「統治の深さ」という新たな分析の次元を提案してみたい。

第1節　資源管理と国家権力

　近代までの長い間，とりわけ国家による領域的な支配が進む過程では，土地，鉱物，森林，水の支配は，東南アジアに限らず権力闘争の争点であった。近代化が成熟し，とくに植民地時代に入ると，外国企業と在野勢力の不用意な闘争を避けるために所有権制度が各国で整備されるようになり，資源の「縄張り」を明確にする地籍図も充実したものになる。その結果，国家と社会の関係もより複雑化していった。

　近代以降の東南アジアにおける国家権力の辺境への介入という点では，タイで典型的に見られたように，西欧列強の脅威から国を守るために国民統合を急ぐ目的で介入が行われた例（Sato 2014）や，共産主義勢力の封じ込めのために国境周辺や森林地帯に圧力をかけた例が挙げられる（Promphakping, Thongyou and Chamruspanth 2017; 佐藤 2002）。

　しかし，資源をめぐる利害の均衡は，国家の意図や計画だけに由来するわけではない。むしろ長期的には，資源利用のために敷設される社会基盤のデザインと，その維持管理を半ば強いられることになる地域住民らの働きかけが大きな影響力をもつ。筆者は，人々の意思よりも事業の特性が人々に課す意思決定への圧力を「維持への強制」（compulsion to maintain）と呼んだアルバート・ハーシュマンに倣って，この概念を灌漑分野における国家と社会の関係分析に拡張してみたい（Hirschman 1958）。

「維持への強制」という視点は，国家権力が地域住民の意に反して何かを強いるのではなく，むしろ地域住民のほうから国家の関与を招来するという可能性に光を当ててくれる。これまで筆者が手がけたタイの森林管理の歴史に関する研究では，19世紀半ばに豊富なチーク材を求めて盛んに東南アジア地域に進出したヨーロッパ系企業と在来の領主たちとの係争を調停するために，地域住民や伐採企業が森林局の設置を政府に求めた歴史を解き明かした（佐藤 2013）。このように資源の管理を介した国家権力の浸透メカニズムにはさまざまな方向性と回路があり，強権や搾取といった一方向的な国家のイメージだけで色づけするのはまちがいである。

1990年代以降の学界における天然資源管理の政治分析は，その多くがいわゆる「資源の呪い」の枠組みに則っていた（Ross 1999, 2013; Collier 2010）。そこでのもっぱらの焦点は，資源が生み出す富の使い道であり，考察対象になる資源も石油や鉱物など国家歳入に大きく貢献するタイプに偏っていた。たとえば特定の資源に依存する政治経済システムが，政府の腐敗や社会セクター（医療や教育）への支出の抑制，女性の社会進出機会の停滞といった課題を招来しているという研究である（Ross 2013）。そこから導かれる政策提言は，依存先となる資源の多様化であり，政府が国家の生産部門を独占しないで済むような経済システムの構築であった。

振り返ってみれば，国家権力の拡大（ときに縮小）プロセスは漸進的なものであった。とくに国家権力が十分に浸透していない農村地域においては，出張ベースの役人の訪問から出張所のような常駐の事務所や施設の設置，あるいはそうした介入からの撤退と業務の民間移譲まで，さまざまな動きの方向性と濃淡を想定することができる。こうした動きがどれほどの速さで生じるかは，管理の対象となる資源の性質や地域の文化的，民族的な特質，地理的環境などによって規定されるのだろう。

上述したように，この分野における先行研究の多くは石油や天然ガスといった，いわゆる原料資源に関心を集中させてきたが，水や森林，土地などの人々の生計に直結する資源の研究者らは，国家を地域コミュニティの福祉

を脅かす敵とみなす傾向があった (Hall, Hirsch and Li 2011; Scott 1998)。他方でコミュニティ主体の資源管理のあり方に関する研究は，逆に国家の存在を所与として分析の視野から除くことが多かった (Ostrom 1990; Cox, Arnold and Tomás 2010)。

たとえば「ポリティカル・エコロジー」と呼ばれるアプローチをとる研究者は，人々の生活実態からボトムアップで資源管理のあり方を考えようとする傾向が強いが，そこでの事例は，地域コミュニティの生活が国家による森林や鉱物，土地の収奪によって犠牲になるシナリオを前提とすることが多い (笹岡 2017; Bailey and Bryant 1997)。つまり，特定の資源に対する国家支配は，他のアクターを寄せつけない排他的なものであるという想定である。

筆者はかつて，この二項対立的な枠組みへの批判として，タイと日本における資源管理制度史の比較を行った (Sato 2014)。この論文の中で筆者は，ほとんど税収への貢献がない天然資源の管理に中央政府がのりだした理由は何かを問うた。そこでの問題意識は，明治期の日本において住民と政府の関係に交渉の余地が残されていたのに対して，なぜタイ（シャム）ではトップダウンの排他的な資源管理が行われていたのかである。

そこからわかってきたのは，森林や鉱物資源の管理が，単に原材料の管理ではなく，国家と社会の関係を秩序立てる働きかけになっていることであった。日本では地元住民の労働力を取り込む形式での資源管理が行われたのに対して，シャムでは地域住民の森林利用権に大きな制限がかけられ，主体的な役割が与えられることはなかった。この違いが生じた理由について筆者がたどり着いた結論は以下のようなものであった。

　　日本では近代化に資する土地と労働力がシャムに比べて稀少であった。それゆえに，明治政府は土着の労働力や土地を活用する方向で，つまり地域住民の健康や生活に配慮しながら近代化を進めなくてはならなかった。日本では地域の労働力が近代化に不可欠な歯車のひとつとして埋め込まれていたために，周辺住民と政府との交渉が必要になったのに

対して，シャムにおいては資源経済が飛び地として形成されており，中央のエリートが地域住民を無視した排他的な体制を築くことができたのである（Sato 2014,769）。

　今の時点から考えてみると，筆者の研究には2つの問題点があった。第1は，上記の研究が国家権力の浸透に関して静的な分析にとどまっており，国家がどのような回路を通じて辺境に入りこみ，その影響力を維持・安定化させていったのかという動的な過程を等閑視していたことである。
　第2の問題点は，考察対象となる資源を鉱物と森林に限定していたことである。資源の種類が限られていたことに限界をみたわけではない。国家との関係において，鉱物と森林は明らかに国家歳入に貢献するタイプの資源であるからだ。資源をめぐる国家−社会関係の一般論を構築していくには，国家の税収に必ずしも寄与しない資源にも考察範囲を広げていかなくてはならない。
　本章は上の反省に立ち，水資源の管理に着目して，国家と社会の関係を考えてみたい。はたして水の管理には，森林や鉱物ではみられなかったような特質があるだろうか。加えて，本章では国家が資源管理を維持しつづけようとする動機や条件を明らかにすることもめざす。水という資源は，他の資源とは異なり，高所から低所へと移動しながら広く地理的に行きわたり，農業生産では必要不可欠な資源である。その意味で，とりわけ農村灌漑は，国家介入と人々の生活の接点をみるうえで重要である。
　1年をとおして雨量の寡多に悩まされることの多い熱帯アジアにおいて，灌漑の整備は中央集権的な国家の形成と近代化の象徴的なインフラであった。とくに植民地時代においては，プランテーション生産を維持するために労働者に与える米の生産を増大させるという意味で，灌漑は欠かせない施設であった。また植民地化以前の段階においても，水資源の適切な管理は米を主食とする人々の飢饉予防という点で前近代国家の関心事であった（Attwood 1987）。

主要な古代文明は灌漑開発と密接なかかわりをもちながら発展を遂げてきた。しかし，文明論における国家と灌漑の関係はあまりに茫漠としたもので，同じ文明圏の中でも灌漑が発達するところとしないところの差異を説明できていない（Acemoglu and Robinson 2013）。説明を深化させるには，水の性質が社会に及ぼす圧力を細かく観察する必要がある。

そのほとんどが当該地域で消費される水は，木材や鉱物のように国際市場に出ていくことが少ない。水路は都市と農村の動脈のような機能を果たし，その周りに居住地が形成されていく。水の商業的価値は地域の外に波及しないわけではない。しかし，税や貿易の形で辺境から中央へと集まる他の資源生産物に比べると，水の価値の波及域は限定されている。何より特徴的なのは水の利便性を最大限に活用するためには，インフラを整備しなくてはならない点である。水は，その用途（河川運輸，飲料水，農業など）に応じて，取水，貯水，分配をめぐる技術と社会制度を要求する（Abernethy 2011,87）。こうした圧力に応える形でつくりだされた諸制度は，水利用をめぐる利害対立を低減させ，持続的に資源利用を可能にさせる目的で設計されてきた。

「統治の深さ」という本章のテーマに照らしていっそう重要なのは，灌漑用水が末端の農民に届くためには，単に施設が十分であればよいのではなく，施設の維持管理を行う住民組織がともなわなくてはならないという点である。つまり，灌漑用水は取り出して終わる資源ではなく，そこに絶えず働きかけをすることを求める点で，きわめて社会的なのである。なぜなら，働きかけには他者との協力が不可欠となるからである。

第2節　国家対コミュニティの二項対立を疑う

2-1　灌漑開発における国家の優越

このように，水の効率的な配分のために政府，地域コミュニティ，民間企業などをどのように配置するかは，水の制度論の核心的な部分でありつづけ

てきた。ところが水の供給に大きな関心を寄せてきた先行研究では，特定の供給体制の社会的影響が現場にもたらされるメカニズムにはあまり注意を払ってこなかった。

　ここで水の制度論について金字塔的な研究を行ったカール・A・ウィットフォーゲルの仕事を振り返ることから始めるのが適切であろう。ウィットフォーゲルは灌漑と農業の関係に注目して水利の社会的影響を体系的に分析した最も初期の研究者である（Wittfogel 1957）。彼は灌漑の視点から農業のタイプを次の3つに分類した。

1．天然の雨水にのみ頼る，天水農業
2．小規模灌漑，もしくは地域共同体を主体とした水管理による水利灌漑農業
3．中央政府の統制のもとに，洪水予防，もしくは生産拡大のための大規模灌漑を擁する水力農業。巨大な建設事業をともなうことが多い

　ウィットフォーゲルが官僚制の発達と密接な水利用を見出したのは，上の3番目の類型においてであった。ウィットフォーゲルはいう。「大量の水は大量の労働者を用いることによってのみ，ひとところにとどめられ，配水することができる。そして，この大量の労働者は互いに調整され，規律化され，指導されなくてはならない」（Wittfogel 1957, 18）。つまり，大量の労働力を長期間にわたり規律をもって動員できる政治力は，大規模灌漑施設を建設する前提条件であり，それゆえに官僚制と水力社会は密接にかかわっているとしたのである[1]。

1）　農村環境において，このような人為的な規律に加えて，季節や雨量などに応じて調達できる労働力の量や質に影響を与える「自然の規律」を考えることも重要である（Hirschman 1967, 96）。ハーシュマンいわく，「自然が課す強制力は，一定の期日までに仕事を終えないと，すでに投入した労力がすべて台無しになるか，お流れになってしまうようなときに最も強く効いてくる。モンスーンの雨に飲み込まれてしまう前にダムの堤防を高く積み上げなくてはいけないのは，その例である（Hirschman 1967, 96）。

ウィットフォーゲルの議論によれば，東南アジア地域は天水と水利灌漑農業を行う場所がほとんどであり，規模から考えても国家権力が大きく入りこむ余地は小さいと考えられてきた[2]。たしかにモンスーン気候に覆われている東南アジアでは，植民地時代以前の国家が土木技術をもって洪水を防ぐことは難しかった。むしろ，渇水と洪水の極端な変動にいかに適応していくかが懸案であった。

　集落レベルでのこうした適応の事例は各国にある。たとえば北タイの伝統的な小規模灌漑であるムアン・ファイは，タイに限らずラオスや中国の雲南省でもみられる（Ishii 1978; Tanabe 1981; Stott 1992）。インドネシアのバリ島でみられるスバックも，地域のコミュニティが主体となる小規模灌漑の例として研究されてきた（Geertz 1963; Lansing 1991; 窪田 2016）。だが，東南アジアの灌漑がすべてコミュニティを基盤にしたローカルなものであると決めつけることはできない。スターガートがかつて指摘したように，東南アジアの文脈においても，灌漑と国家の歴史は古くまでさかのぼることができるからである（Stargardt 1968）。

　近代的な灌漑と伝統的な灌漑の大きな違いは，植民地宗主国の資本投入をもって可能になった施設の規模と，それが可能にする用水の量である。タイの灌漑について，石井米雄は「（大規模な）灌漑は，必要となる物資，労働力の両面で集落や世帯の能力を超えるもので，より広い地域や国家のレベルでの管理を必要とした」と述べている（Ishii 1978,18-19）。それゆえに，19世紀中頃までの近代国家として未発達な地域における灌漑開発は，英国の統治下にあったインドやエジプトの例を除くと，ほとんどが小規模で民間資本の手によって担われていた。植民地の近代化を加速したいという欲望と，米生産の拡大は従来の「適応」を目的とした伝統的な灌漑で対応できるものではなかったのだ。大規模灌漑は労働力の集中を必要とし，分散的な居住形態のままで管理ができる伝統的な灌漑とは大きく異なる。

---

[2] 東南アジア地域における水力社会論の可能性については Stott（1992）を参照。

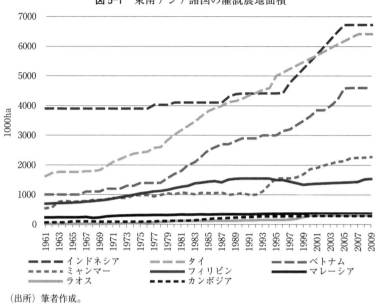

図 5-1　東南アジア諸国の灌漑農地面積

(出所) 筆者作成。

　東南アジアの各国がこぞって外国資本を投入し，技術顧問も招聘しながら，大規模灌漑施設の設置を拡大し始めたのは 19 世紀後半からである (Furnivall 1956, 320)。灌漑への投資は植民地からの独立後も継続され，農業の形態だけでなく，水を介した国家と社会の関係まで大きく変容させた。20世紀に入って灌漑への公共投資が一般化すると，それに合わせて灌漑局の設置を含む官僚制の整備が進んだ (Molle, Mollinga and Wester 2009, 330)。これから見るように，灌漑は国家が農村に浸透する権力のテコとして機能したのである。

　図 5-1 は FAO (国連食糧農業機関) の統計をもとに，東南アジアにおける灌漑農地面積の拡大傾向について 1961 年を起点にグラフ化したものである。現在ではほとんどの国で灌漑可能な地域は飽和状態に入り，新たな灌漑敷設の限界費用が高くなっていると推測できる。それは同時に，灌漑が新規建設

の時代を終え,「維持管理」の時代に突入したことを意味している。

　図5-1は,国家と社会の関係を考察するうえで,いくつかの問いを喚起する。フィリピンの灌漑面積が増えていないのは,地域コミュニティの小規模灌漑がいきわたっていることの裏返しなのか,あるいは1960年代以前に主要な大規模灌漑施設は建設を終えていると考えるべきか。マレーシアは農業が盛んで,ASEANでも最も豊かな国であるのに灌漑面積が相対的に少ないのはなぜか。こうした問いに答えていこうとすると,国際機関による統計資料が充実する1960年代以降だけを見ていては不十分であることが直ちに明らかになる。寺尾が本書序章で述べたように経路依存性が強く長期的にわたって推移する過程では,初期の些細で偶発的な出来事がその後の過程,結果に重大な影響を与えている可能性がある。資源をめぐる国家と社会の関係が形成される過程でも,灌漑を通じての権力の集中という経路がつくりだされた可能性はないだろうか。

　伝統的な地域灌漑から国家主導の大規模灌漑へと転換する過程で,国家の役割は大きく変容した。というのも,農業生産力を飛躍的に拡大するために灌漑の整備はどの地域でも不可欠な要素であり,一度つくりあげられた施設は必ず維持管理が必要になるからである。維持管理面で必ず国家の支援を受けなくてはいけないという側面に,国家－社会関係が変容する糸口がある。

　灌漑施設が本来の機能を発揮するために,維持管理が決定的な役割を果たすことは専門家集団からたびたび指摘されてきた。たとえば,次のような指摘である。

　　それほど昔につくられたわけではない灌漑施設が,しばらく経つと,元々の建設と設計からは想像できないほど変容してしまっていることが多くある。土砂の堆積,雑草の繁茂,構造の機能不全,その他の望ましくない状況が配水路を使えなくしてしまうのだ。そうなると,水がそれを必要とする場所に届かないことになり,公平に分配することもできなくなる。そうした地域で生計を立てている農民が鬱憤をためている状況

は想像に難くない。彼らは，灌漑の潜在的な利益を知っているのに，その期待を実現できないでいるからだ (Sagardoy, Bottrall and Uittenbogaard 1986)。

「維持管理」には，伐採，雑草駆除，草地の造成，流量測定器の設置や管理，堆積土砂の浚渫，ポンプ場の管理など多様な作業が含まれる。なによりも，そうした業務に継続的に従事する農民や労働者の労務管理をしなくてはならない。1990年代前半にミャンマーのチャウセー地区 (Kyaukse District) で灌漑の浚渫作業を観察した高橋は，その様子を次のように記録している。

　幹線および支線用水路に水が流れているとき，破損個所の修繕は，それが可能であるかぎり灌漑局が行う。だが，用水路の底に溜まる泥の浚渫や大規模な修繕は，用水路への導水を止めて水路内の水がなくなってから大量の労働力を投入して行わなければならない。全ての取水工の水門を閉じ配水を全く停止してのこのような大修繕は，乾期の最中の1月上旬に毎年行われる。この大修繕には用水路周辺の世帯1戸について18歳以上の成年（男女を問わない）労働力1人が動員される。用水路周辺の住民は，炊事，洗濯，水浴等に用水路を利用しているので，労働力の提供義務があるのは農家に限らない（高橋 1996, 188）。

ところが，こうした国家介入を通じて建設・維持されている大規模灌漑についての社会科学的研究は多くはない。フィールド調査に裏づけられた研究の多くは村落コミュニティレベルの伝統灌漑に関するものが大部分だからだ。それでも大規模建造物が必要不可欠とする賦役や強制労働に関する研究がないわけではない。たとえばテイラーは，ミャンマー中部の乾燥地帯を事例に，灌漑システムの建設と維持がビルマ国家建設の基礎をつくったという議論を展開している (Taylor 2009, 44)。あるいは，国家の近代化にとって不可欠な歳入が，灌漑によって可能になった余剰農産物に依存していたとする

議論もある (Khin Maung Kyi and Daw Tin Tin 1973, 39)。だが，これらの研究では国家と社会が互いにどのような依存関係を形成して灌漑事業を成り立たせているのかを問うてこなかった。

　1990年代以降になると地方分権との関係において，政府から地域コミュニティへの権限移譲に踏み込んだ資源管理研究が現れる (Ostrom 1990; Kurauchi et al. 2015)。しかし，そこでもコミュニティと国家は二項対立的にとらえる伝統が継承された。国家と地域のコミュニティは相互依存的に発展するという指摘は古くからある。たとえば植民地研究の大家であるジョン・ファーニバルは，アフリカの例から次のように指摘した。

　　（近代国家の成立にともなう）初期の行政機関が，道路の建設や公的目的に必要な移動のために，地域に基盤をもつ (communal) 労働力を使うことが手軽であると考えたのは自然であった。こうした労働力の確保の仕方は，いつしか行政目的に資する，もしくは公共部門の必要を満たすための常とう手段になっていった (Furnivall 1956, 344, 筆者訳)。

　東南アジア地域で類似の例がどれだけ確認できるかは今後の検証が必要であるが，上にみたミャンマーの事例は，灌漑部門において政府と地域住民の相互依存的な体制が形成されていたことを示すもので，少なくともその部門においては政府と地域住民があからさまな対抗的関係ではなかったことがわかる。

　国家主導の灌漑が，東南アジア各国でどのような速度をもって拡大化してきたのかを示す正確な統計は不在であるが，ダムの統計が整備されるようになってからの推移をみるかぎり，東南アジアにおける灌漑の主要な部分が，国家による大規模施設に塗り替えられてきた。この過程でアジアの各地で維持管理をめぐる交渉が行われてきたと考えてよい。

2-2　東南アジアにおける灌漑施設拡大の動因

　政府が大規模な灌漑開発に乗り出す動機は，米の生産拡大による歳入の確保という側面以外に，洪水の予防という面があることはすでに指摘したとおりである。国家の介入は，民心の掌握や統治基盤の安定という観点から，水が少なすぎるときも多すぎるときも喚起される可能性がある。これは富の搾取という形をとりやすい森林や鉱物への国家介入とはかなり性格が異なる。とくに灌漑用水をめぐる集落や地域間の紛争は政治の安定を脅かす脅威になり得るので，資源の経済価値が低いとしても国家の優先的な関心事項になるのである（Wolters 2007, 226）。

　こうした環境のなかで，（灌漑面における）国家の介入を受ける側の社会は，どのような場面でその主体性を発揮するのだろうか。ひとつは，中央からの指令と末端支流における配水とのあいだで不可避に生じる時間のギャップを埋め合わせなくてはいけないときである。それは，水の需要と供給が季節に応じて変化する場合にも生じる（水谷 2002）。ギャップが小さい場合には，地域コミュニティにとって，それを埋め合わせるインセンティブは小さいであろう。しかし，ギャップが大きければ農民は主体的に行政に働きかけて，適切なタイミングで水の確保に努めなくてはならない。

　タイの例をみると，政府機関である王立灌漑局の主導で地域住民を構成員とする水利組合がつくられたのは，政府の側も地域の協力を必要としていたことの証左である（友杉 1976, 141）。タイの場合，水利組合の主たる機能は銀行から低利で融資を受けることであった。パフォーマンスの程度は別として，2011 年時点でタイ全国に 1 万 2000 以上の水利組合が存在することが確認されている（Ricks 2015）[3]。こうした組合は国家権力と地域社会の接点の役割を果たす。

3）　タイにおいて灌漑局職員たちに地域の農民と共に働く意識が欠如していることが多い点は，灌漑が本来の機能をなかなか発揮できない原因になっている（Ricks 2015, 204）。

第3節　強制力の源泉

3-1　マンのインフラ的権力論

　すでに指摘したように，灌漑施設の設置そのものは国家権力の拡大とイコールではない。その意味で，大規模な水力社会と絶対的な専制体制の発生を直線的に結びつけたウィットフォーゲルの議論はあまりに単純であった。社会学者のマイケル・マンが強調したように専制的な権力は国家権力の一形態にすぎないからである（Mann 1984）。マンは2種類の権力の類型を提示する。専制的なものと，インフラ（社会基盤）的なものである。専制的な権力とは，国家中枢のエリートが，市民社会とルーティン化・制度化された交渉を経ずに社会に対して行使できる力を指す（Mann 1984, 188）。これに対して「インフラ的権力」とは「国家の市民社会に実際に入りこむ能力（capacity）で，政治的な決定の結果を対象となる領域で満遍なく実行する力」のことで，いわば社会を通じて行使される力である（Mann 1984, 189）。インフラ的権力とは，自らが築き上げた社会基盤を介して市民社会の領域に影響力を及ぼす力であると言ってよい。現代社会におけるこの概念の重要性について，マンは次のように述べる。

　　この類型の権力はあらゆる領域に広がっている。国家は，我々や隣人や親族の同意を得ずして，所得や富をその源泉までさかのぼって査定し，課税することができる（これはおおむね1850年以前の国家にはまったくできないことであった）。国家は，私たちすべてに関する大量の情報を蓄積したり，ただちに呼び出したりすることができる。国家はその意思を，その領域内のほとんどで24時間以内に実行できる。国家が経済全体に与える影響は絶大である。国家は（公共部門での雇用，年金，家族手当などを通じて）私たちほとんどに直接的な生計手段を提供している。国家は，過去の国家とは比べものにならないほど私たちの日常生活に浸

透している（Mann 1984, 189, 筆者訳）。

　マンによるインフラ的権力論は，かつてフーコーが「統治性」（governmentality）の概念を用いて権力の遍在を論じたのと同じように，社会基盤という媒介に着目した新たな権力論として注目できる（Foucault 2009）。しかし，そこで採用されているのは，国家の意図に基づいて中央から地方へと放射状に広がる一方向的な権力論であり，本章で筆者が批判したいのはまさにこの点である。これから見るように，国家権力が拡がるプロセスには意図を超えた側面があるからだ。

3-2　国家関与の諸次元

　本章では，マンの議論も援用しつつ，灌漑施設の特性にこだわってインフラ的権力のふるまい，とくに権力の方向性について新しい視点を提示してみたい。ここで問いたいのは，国家権力はいかなる回路を通じて地域社会に入りこみ，自らを維持し，場合によっては撤退したり，民間企業などの非国家主体にその権能を委譲したりするのか，という点である[4]。

　ウィットフォーゲルの分析視点に沿って，大規模灌漑にかかわる活動を農業にかかわる生産的なものと，洪水予防にかかわる防御的なものに分類してみると，国家による介入の諸側面は**表 5-1** のように整理することができる。

　「生産的側面」とは，灌漑水路を建設するなどの国家による主体的な介入である。この介入は，農業生産を増やすことや，交通の利便性を増したいと考えている地域住民の願望に合致することが多いという意味で，地域に歓迎される。もちろん，大規模灌漑施設の設置によって立ち退きを余儀なくされ

---

[4]　公共財供給における非国家主体の役割に関する研究は，とりわけ途上国の文脈ではごく最近になって注目されるようになった。たとえば，Post, Bronsoler and Salman（2017）の研究では，国家が支配的な供給を行う財に加えて，国家が規制はするものの供給は非国家主体が行う場合，非国家主体が国家を補完しながら供給する場合，そして，国家からは完全に独立して非国家主体が供給する場合を，都市における衛生と水に関するサービスを事例に分析している。

表5-1 大規模灌漑事業の分析視点

事業分野	介入行為の例
生産的側面	
交通・運輸	・国家による多目的ダムの建設
農業生産	・水量調節
エネルギー生産	・発電
予防的側面	
洪水・浸食予防のための浚渫	・定期的な浚渫のための労働力動員
保健衛生（マラリア対策，水汚染防止など）	・行政の保健部門との連絡・調整 ・マラリア防止型の水流設計
準備的側面	
調査・研究	・水源地域のマッピングと灌漑裨益地域の推計
土木工事と労務管理	・水利組合の形成とマネジメントシステムの確立
資金調達	・海外援助機関との交渉
省庁間連絡	・保健省や内務省との連絡
住民移転の補償	・移転先の確保，住居や補填条件の交渉
統治的側面	
紛争解決	・紛争調停主体としての水利組合の形成 ・上流－下流の利害調整
食料の安定供給	・都市における食料価格維持のための諸努力
災害予期・対応	・避難体制の構築，居住計画の見直し

（出所）筆者作成。

る地域住民もいるであろうが，大きくみれば農業生産性は拡大し，経済機会も広がるというのが大多数の地域での経験である。ここで，生産が十分であるうちには顕在化しないのが維持管理のコストである。

　「予防的側面」は洪水予防，環境劣化の予防などを目的に発動される介入であり，これに対する国家の動機づけは農業生産物の安定供給もさることながら，暴動の抑止や民心の安寧にある。

　「準備的側面」とは，大規模なインフラ建設に先立つ，研究や調査，資金調達や土地収用などを含む行政的な準備にともなう介入であり，この側面における地域住民の役割は行政への協力である。たとえば歳入の確保という側

面では，地域社会に集金の委託や，融資の主体になってもらう必要がある場合もある（Sampath 1992）。なかでも，土木工事にともなう労務管理は中心的な活動である[5]。

最後に「統治的側面」がある。これは水の分配という灌漑の直接的な効果にかかわるものではなく，水をめぐる対立の調停など，灌漑の結果としてもたらされる社会的影響に対処するための介入である。上流と下流にそれぞれ位置する集落の水の分配をめぐる利害対立などは，伝統的な集落レベルの自治組織に頼るだけでは解決が難しい。そうしたときには，国家の役人を調停のために呼ぶことを地域住民の側が求めるのである。

インフラの維持管理をめぐる議論では，しばしばインフラの機能そのものの管理に焦点が置かれがちであるが，課題の本質はインフラによって変化する便益や負担の分配にともなう利害調整である。タイにおける灌漑の近代化に関する透徹した歴史分析を行った歴史学者のハン・テン・ブラメルヒュースは，次のような指摘をしている。「（灌漑をめぐる）異なる利害と参加者の違いに応じて対立の様相も異なってくる。水路の航行には高い水位が要求されるが，米作農家はとりわけ収穫時に低い水位であることを好む」（Brummelhuis 2005, 154-155）。

利害対立は特定の地域の中で生じるとは限らない。灌漑の支流が毛細血管のように広がっていくことを考えると，その広がりは下流地域にまでカスケード状に広く及ぶことがある。政府が出先機関として水利事務所を置く場合，その管轄範囲が広く下流まで及ぶことがあるのは，こうした灌漑の性質によるものである。その意味では，地域社会に存在する水利組織の多くが，ボトムアップで自生的に生じたものではなく，むしろ政府からの指導でつくりだされたという事実は注目すべきである。地域社会に主体性のある伝統的な水利組織にみえる集団も，政府が上流に大規模灌漑をつくって水が使え

---

5) 英国の植民地官僚でもあったファーニバルは，植民地における労働政策の発展段階を次のように整理する。労働力を確保する段階，労働搾取を予防し，労働者を保護する段階，労働者の福祉を積極的に促進する段階，である（Furnivall 1956, 341）。

るようになったことへの対応として生まれて来た可能性があるからだ（Ishii 1978, 21）。

　灌漑の維持管理における国家の介入は，資材や技術の供与という面にはとどまらない。近年，とくに問題になっているのは，マラリア対策である。水を貯める灌漑はしばしばマラリア蚊の温床になることが多いが，その撲滅には，貯水池の設計や立地に関与する灌漑局だけでなく，保健衛生を担当する部署や教育担当部署との緊密な連携が必要になる。灌漑を介して，国家は保健衛生の分野までその影響力を浸透させる回路をもつのである。

　灌漑管理の社会科学的研究は，しばしば地域コミュニティによるものを国家によるそれよりも優れたものとして扱う傾向があった。規模が小さく，地域社会が機能している場所においては，たしかにコミュニティによる資源管理が効果的な役割を果たした場合も多いであろう。しかし，そうした力強いコミュニティの存在を東南アジア全域に期待することはできない。むしろ，地域社会としての紐帯が希薄な地域が多いのが東南アジアの特徴として知られているからである（Embree 1950）。

　そうであれば，農業生産の拡大に決定的な役割を果たす水の支配を通じて，あるいは，国家による水の支配への抵抗を通じて一部地域のコミュニティの紐帯が強化された可能性は十分にある。水利組合の形成と，その組織が水利を超えた領域で果たした役割（たとえば金融）などは，とくに注目すべき影響の範囲である。これらの仮説を裏づけるにあたって，農業が衰退して国家の退出が顕著にみられる現在の視点から歴史を逆照射する方法では的外れになる可能性が強い。むしろ，その時々の1次史料の中に国家と社会の関係を読み解く工夫が必要になる。

3-3　理論的示唆

　近年，政治学の分野ではローカルな公共財の供給主体に関する研究が脚光を浴びている。そこでは地域ごとに異なる公共財を対象に，国家が支配的な供給者になる例（多くの国の初等教育，中国の警察，メキシコや南アフリカにお

表 5-2　灌漑分野にみる国家権力動態の駆動因と隘路

権力浸透の諸段階	駆動因（ドライバー）	隘路（ボトルネック）
初期介入	生産拡大と歳入確保	地域の領主などの土着利権
継続的関与	インフラの維持，政府による融資	地域住民との利害対立
自然化	地域社会の支援組織（政府の設立する組合など）	政府の安定的，継続的支援
退出・退行	農業部門の衰退，民間企業の隆盛，市民社会の発達	国家による利権独占

（出所）筆者作成。

ける水供給，チリやコスタリカにおけるプライマリーヘルスなど），国家が規制に関与する例，国家が補完的に関与する例，そして国家から独立した組織が公共財を提供する例が考察の対象になってきた（Post, Bronsoler and Salman 2017）。そこでの分析の焦点は，これらの分類を前提として，なぜ特定の地域では特定の深さの国家関与がみられるのかを説明することであった。

　本章の主張は，国家とそれ以外の主体（本章では地域社会を想定した）の関係は可変的なものであって，その変化を説明することにこそ分析の光を当てるべきであるという点である。そして本章の貢献は，とくに灌漑というローカルな公共財の供給における統治的側面が，どのようにして国家を呼びこみ，役割を与え，社会との関係を形づくっていくのかという側面に見通しを与えたことであった。

　表 5-2 は，国家権力の浸透の度合いを段階別に分けたものである。具体的には最初の介入，持続的な交渉関係，関係の自然化，退出や退行である[6]。

---

6) 政治学者のフランシス・フクヤマは，政府が退行する重要な要因として任務の過剰な重複を挙げている。彼は米国の森林局（Forest Service）を例に，その主要任務が木材の伐採から消火，環境保護へと拡張していく過程で組織の衰退が進んだと分析する。この過程では「どの古い任務も捨てられることがなかったうえに，一つひとつの任務にそ

なかでも，国家の退出・退行は最も理論化の遅れている分野であろう。というのも，通常は地方分権，民営化という積極的な視点で論じられるので，国家権力がどうなったのかという視点は背景に置き去りにされることが多いからである。

それぞれの段階で国家権力が安定的に浸透するためには，介入の過程で抵抗力になりうる条件をクリアしなくてはならない。**表5-2**の「隘路」の列は各段階でのおもな条件を列挙したものである。

東南アジアでは，GDPに占める農業生産の比重は年を追うごとに小さくなっており，その結果として，国家による灌漑運営への関心も薄れていく可能性がある。ただし，洪水予防，土砂災害予防というニーズはむしろ増加する可能性が高いので，農業面だけで趨勢を見定めることはできない。

水が高所から低所に流れること，農業生産や洪水予防で灌漑が重要な役割を果たすことは，文脈を問わず万国共通である。水資源利用の物質的条件の共通性は，かえって国や地域ごとの社会制度の違いを浮き彫りにしてくれる。似たような地理的，物理的課題に対しても，社会の反応はそれぞれ異なるからである。とくに国家と社会の分業体制を規定する条件の特定は，今後さらに研究する価値がある。

第4節　結論

国家による社会領域への介入は，国家による意思に由来するだけではない。灌漑を通じての介入の影響や性格は，国家に大きな権力を付与せざるを得ない大規模灌漑という施設の特性に特徴づけられる部分が大きい。その重要な特徴は維持管理の段階で生じる国家と社会の密接な関係である。従来の

れぞれ異なる外部の利益集団が結びつき，森林局の中の分派を支援した」（Fukuyama 2014, 459）。

研究が国家の意思に過剰な力点を置いていたという反省に立ち，本章では灌漑の維持管理が国家の意思を超えて，国家−社会関係を招く様子を歴史的な視点から読み解いた。

　国家権力は，市民社会からの抵抗や交渉，国際社会からの圧力などから形づくられるだけではない。国家は，住民の生存維持に必要な物的資源の安定供給のためにさまざまな社会基盤を張りめぐらし，その維持管理をとおして社会と交流・交渉する。そこでは国家が自らの意思を一方的に押しつけることは困難で，地域に暮らす人々の協力を巧みに喚起しなくてはならない。地域住民もまた，国家権力に頼ることが必要になる場面がある。

　本章で論じた「権力」は，誰かに対し意に反する行動を強いる力，という伝統的な定義からは逸脱するものである。ここでの権力はむしろ，その対象となる人々が喜んで傘下に入っていくような性質をもっているからである。ただ，いったんこのような権力のシステムに組み込まれると，人々は簡単にはそこから抜け出すことができず，施設の維持管理を通じて国家権力との継続的な接触を保つことになる。維持管理の放棄は，国家への反抗というよりは，地域社会の秩序を乱すことになるので拘束力が大きいのである。このように，国家権力は地域社会の権力関係に翻訳されることで，地域に根を張る「深い」ものになる。

　紐帯が密な地域社会も，その元をたどれば，国家との対抗や交渉，あるいは国家の介入を必要とした過程のなかで，そうした紐帯が育まれた可能性もある。国家と地域社会はひとつの連続のなかに位置づけられるべきである。そうした連続を媒介する回路として，水路は権力分析においても重要な位置を占めるのである。気候変動によって異常気象の頻度が増加し，水へのアクセスがますます不安定になるなか，灌漑と国家はさらに密接な関係を構築していくにちがいない。本章がその関係を読み解くうえでの助けになれば幸いである。

〔参考文献〕

<日本語文献>
窪田順平編 2016.『水を分かつ――地域の未来可能性の共創』免誠出版.
笹岡正俊 2017.「『隠れた物語』を掘り起こすポリティカルエコロジーの視角」山本信人監修・井上真編『東南アジア地域研究入門1　環境』慶応大学出版会.
佐藤仁 2002.『稀少資源のポリティクス――タイ農村にみる開発と環境のはざま』東京大学出版会.
―――― 2013.「近代化と統治の文化――明治日本とシャムの天然資源管理」平野健一郎・古田和子・土田哲夫・川村陶子編『国際文化関係史研究』東京大学出版会.
スコット，ジェームズ 2013.『ゾミア――脱国家の世界史』(佐藤仁監訳) みすず書房.
高橋昭雄 1996.「ビルマ――チャウセー地方の河川灌漑と農業」堀井健三・篠田隆・多田博一編『アジアの灌漑制度――水利用の効率化に向けて』新評論.
友杉孝 1976.「タイの灌漑農業」福田仁志編『アジアの灌漑農業――その歴史と論理』アジア経済研究所.
水谷正一 2002.「大規模灌漑システムの分権的管理」藤田和子編『モンスーン・アジアの水と社会環境』世界思想社.

<英語文献>
Abernethy, Charles 2011. "Historical Developments in Irrigation Governance." *Proceedings of the Institution of Civil Engineers: Engineering History and Heritage*. 164 (2): 87-98.
Acemoglu, Daron and James A. Robinson 2013. *Why Nations Fail: The Origins of Power, Prosperity and Poverty*. London: Profile Books.
Attwood, Donald W. 1987. "Irrigation and Imperialism: The Causes and Consequences of a Shift from Subsistence to Cash Cropping." *Journal of Development Studies*. 23 (3):341-366.
Bailey, Sinéad and Raymond L. Bryant 1997. *Third World Political Ecology: An Introduction*. Oxford: Routledge.
Brummelhuis, Han ten 2005. *King of the Waters: Homan van der Heide and the Origin of Modern Irrigation in Siam*. Leiden: KITLV Press.
Collier, Paul 2010. "The Political Economy of Natural Resources." *Social Research: An*

International Quarterly. 77 (4):1105-1132.
Cox, Michael, Gwen Arnold and Sergio Villamayor Tomás 2010. "A Review of Design Principles for Community-based Natural Resource Management." *Ecology and Society.* 15(4):38. 2015年9月11日アクセス (http://www.ecologyandsociety.org/vol15/iss4/art38/).
Embree, John F. 1950. "Thailand: A Loosely Structured Social System." *American Anthropologist.* 52(2):181-193.
Foucault, Michel 2009. *Security, Territory, Population: Lectures at the College De France, 1977-78.* New York: Picador.
Fukuyama, Francis 2015. *Political Order and Political Decay: From the Industrial Revolution to the Globalisation of Democracy.* London: Profile Books.
Furnivall, John. 1956. *Colonial Policy and Practice: A Comparative Study of Burma and Netherlands India.* New York: New York University Press.
Geertz, Clifford 1963. *Agricultural Involution: The Processes of Ecological Change in Indonesia.* Berkeley: University of California Press.
Hall, Derek, Philip Hirsch and Tania Murray Li 2011. *Powers of Exclusion: Land Dilemmas in Southeast Asia.* Honolulu: University of Hawaii Press.
Hirschman, Albert 1958. *The Strategies of Economic Development.* New Haven, CT: Yale University Press.
―――1967. *Development Projects Observed.* Washington, D.C.: Brookings Institution.
Ishii, Yoneo 1978. "History and Rice-growing." In *Thailand: A Rice-Growing Society*, edited by Yoneo Ishii. Honolulu: University of Hawaii Press.
Khin Maung Kyi and Daw Tin Tin 1973. *Administrative Patterns in Historical Burma.* Singapore: Institute of Southeast Asian Studies.
Kurauchi, Yuko, Antonio La Vina, Nathan Badenoch and Lindsey Fransen 2015. *Decentralization of Natural Resources Management: Lessons from Southeast Asia: Synthesis of Decentralization Case Studies under the Resources Policy Support Initiative (REPSI).* Jakarta: WR I Indonesia.
Lansing, J. Stephen 1991. *Priests and Programmers: Technologies of Power in the Engineered Landscape of Bali.* Princeton: Princeton University Press.
Mann, Michael 1984. "The Autonomous Power of the State: Its Origins, Mechanisms and Results." *European Journal of Sociology.* 25(2):185-213.
Molle, François, Peter P. Mollinga and Philippus Wester 2009. "Hydraulic Bureaucracies and the Hydraulic Mission: Flows of Water, Flows of Power." *Water Alternatives.* 2(3):328-349.
Ostrom, Elinor 1990. *Governing the Commons: The Evolution of Institutions for Collective Action.* Cambridge: Cambridge University Press.

Post, Alison E., Vivian Bronsoler and Lana Salman 2017. "Hybrid Regimes for Local Public Goods Provision: A Framework for Analysis." *Perspectives on Politics.* 15(4):952-966.

Promphakping, Ninlawadee, Maniemai Thongyou and Viyouth Chamruspanth 2017. "The Extension of State Power and Negotiations of the Villagers in Northeast Thailand." *Southeast Asian Studies.* 6(3):405-422.

Ricks, Jacob I. 2015. "Pockets of Participation: Bureaucratic Incentives and Participatory Irrigation Management in Thailand." *Water Alternatives.* 8(2):193-214.

Ross, Michael L. 1999. "The Political Economy of the Resource Curse." *World Politics.* 51(2):297-322.

——— 2013. *The Oil Curse: How Petroleum Wealth Shapes the Development of Nations.* Princeton: Princeton University Press.

Sagardoy, J. A., A. Bottrall and G.O. Uittenbogaard 1986. *Organization, Operation and Maintenance of Irrigation Schemes: FAO Irrigation and Drainage Paper 40.* Rome: Food and Agriculture Organization of the United Nations.

Sampath, Rajan K. 1992. "Issues in Irrigation Pricing in Developing Countries." *World Development.* 20(7):967-977.

Sato, Jin 2014. "Resource Politics and State-Society Relations: Why Are Certain States More Inclusive than Others?" *Comparative Studies in Society and History.* 56(3):745-773.

Scott, James C. 1998. *Seeing Like a State: How Certain Schemes to Improve the Human Condition Have Failed.* New Haven: Yale University Press.

——— 2009. *The Art of Not Being Governed: An Anarchist History of Upland Southeast Asia.* New Haven: Yale University Press.

Stargardt, Janice 1968. "Government and Irrigation in Burma: A Comparative Survey." *Asian Studies.* 6(3):358-371.

Stott, Philip 1992. "Angkor: Shifting the Hydraulic Paradigm." In *The Gift of Water: Water Management, Cosmology and the State in South East Asia*, edited by Jonathan Rigg. London: School of Oriental and African Studies, University of London.

Tanabe, Shigeharu 1981. "Peasant Farming Systems in Thailand: A Comparative Study of Rice Cultivation and Agricultural Technology in Chiangmai and Ayutthaya." Ph.D Dissertation, School of Oriental and African Studies, University of London.

Taylor, Robert H. 2009. *The State in Myanmar.* London: Hurst & Co.

Wittfogel, Karl A. 1957. *Oriental Despotism: A Comparative Study of Total Power.* New

Haven: Yale University Press.
Wolters, Willem 2007. "Geographical Explanations for the Distribution of Irrigation Institutions: Cases from Southeast Asia." In *A World of Water: Rain, Rivers and Seas in Southeast Asian Histories*, edited by Peter Boomgaard. Leiden: KITLV Press.

索 引

〔略称・アルファベット〕

CCA（Climate Change Authority, 気候変動局, オーストラリア）　122, 126, 127
CLAPV（Center for Legal Assistance to Pollution Victims, 中国政法大学公害被害者法律援助センター）　37, 38, 42, 52, 55
FWCA（Fish and Wildlife Coordination Act, 魚類・野生生物調整法, アメリカ）　26, 95, 96, 98-100, 105, 107, 111-115
FPC（Federal Power Commission, 連邦動力委員会, アメリカ）　101
IPE（Institute of Public and Environmental Affairs, 公衆環境研究センター, 中国）　37, 56, 57
IWL（the Izaak Walton League, アイザック・ウォルトン・リーグ, アメリカ）　103
NEPA（National Environmental Policy Act, 国家環境政策法, アメリカ）　26, 95-97, 99, 105, 107, 111-115
NRDC（Natural Resources Defense Council, 米国天然資源保護協議会）　55
OTA（Office of Technology Assessment, 技術評価局, アメリカ）　139, 140

〔人名索引〕

アボット, トニー（Tony Abbott）　27, 119-121, 125-128, 136, 141-143
飯島伸子　18, 19
イッキーズ, ハロルド（Harold L. Ickes）　104
宇井純　6, 16-18, 22
ウィットフォーゲル, カールA.（Karl A. Wittfogel）　153, 154, 160, 161
ウォーラス, ヘンリー（Henry A. Wallace）　104
内水護　22, 23
王燦発　34, 37, 41, 42, 44, 47, 50
曲格平　36
ギラード, ジュリア（Julia Gillard）　26, 120-123, 125, 142, 143
蒋経国　78
蕭新煌　79, 80
スコット, ジェームズ（James Scott）　147
荘進源　72, 73, 75, 86-88
ハーシュマン, アルバート（Albert Hirschman）　148, 153
ハワード, ジョン（John Howard）　120
平野孝　20, 21
馮嘉　37, 42, 47
マン, マイケル（Michael Mann）　28, 160, 161
宮本憲一　14-16
村尾行一　22, 23
ラッド, ケビン（Kevin Rudd）　26, 120, 121, 141-143
李鵬　36
ロバートソン, ウィリス（A. Willis Robertson）　104

〔事項索引〕

【あ行】

アイザック・ウォルトン・リーグ（アメリカ）→ IWL
アフリカ　158
維持管理　28, 148, 152, 156-158, 162-164, 166, 167
維持への強制　148, 149
因果関係　6, 7, 11, 15, 42-44, 47
インフラ的権力　28, 160, 161
埋め込まれた環境主義　40, 59
衛生　71, 161
　環境――　65, 68, 70, 73, 86, 88, 91
　公衆――　4, 12, 63, 65, 66, 68, 70, 76, 81, 83, 85-89, 91
　保健――　162, 163
エネルギー　4, 36, 67, 83, 84, 133, 134, 162
　再生可能――　125, 129, 130-134
汚物清除條例（台湾）　65, 66, 71, 72, 81

【か行】

開墾局（アメリカ）　101
開発と環境　5, 10, 13
灌漑　27-30, 101, 147, 148, 151-167
環境アセスメント（アセス，環境影響評価）　25, 26, 29, 30, 87, 88, 95-100, 106, 107, 111-115
環境 NGO（社会団体，民間非営利団体）　25, 26, 34, 35, 37-39, 46, 47, 52, 54, 55, 57, 58, 130
環境裁判所　44
環境司法　35, 43, 58
環境社会学　4, 17-19, 21
環境政治学　4, 19-21
環境（公益）訴訟　24, 25, 29, 34, 35, 37, 41-59
環境の 10 年（アメリカ）　96-98
環境法（規）　5, 6, 15, 19, 21, 25, 29, 33, 35, 36, 50, 64, 74, 75, 80, 85, 87-91, 96

環境法学（環境法研究）　4, 19, 21, 100
環境保護キャンペーン　36, 37
環境保護局（台湾）→ 行政院衛生署環境保護局
（改正）環境保護法（中国）　25, 34, 35, 41, 45-48, 53, 55, 58
監督検査活動　33, 36, 37
緩慢に推移する（過程）　8, 99, 113
官僚制　153, 155
気候変動・エネルギー効率省（オーストラリア）　122, 123, 129
気候変動省（オーストラリア）　121, 122
気候変動局（オーストラリア）→ CCA
技術評価局（アメリカ）→ OTA
協議（条項，要件）　26, 97, 98, 106-111, 113
行政院衛生署（台湾）　64-68, 71-73, 75-77, 83, 86, 87, 89, 91
　――環境衛生處（台湾）　25, 64, 86-89, 91
　――環境保護局（台湾）　64-66, 68, 76, 86, 88, 89, 91
行政院環境保護署（台湾）　64-69, 76, 86-89, 91
魚類・野生生物調整法（アメリカ）→ FWCA
空気汚染防制区（台湾）　77, 84, 85
空気汚染防制法（台湾）　25, 63, 64, 71, 74-85, 87, 89, 90
クライメート・カウンシル（オーストラリア）　27, 119, 127-136, 138, 140-144
クライメート・コミッション（オーストラリア）　26, 27, 119, 122-131, 139-143
クラウドファンディング　27, 57, 119, 127-129, 135, 136, 138, 142
グリーン・ウォーターシェッド（中国）　37
経済開発政策　3, 8, 11, 29, 78, 80, 86, 89, 141
経済部（台湾）　71, 72, 75-77, 83, 89

索　引　175

──工業局（台湾）　67, 87
──水資源統一規劃委員会（台湾）　76, 83, 88
経路依存（性）　3, 4, 7-9, 24, 29, 30, 59, 89, 90, 99, 115, 141, 142, 156
権威主義（体制）　10, 11, 24, 29, 30, 33, 34, 40, 41, 43, 58, 59, 78, 79, 89
権威主義体制のなかでの応答　43, 59
合意（形成）　7, 11, 23, 123
公害国会（日本）　15, 16, 19, 84
公害史　4, 14, 16, 22
公害対策基本法（日本）　14-16, 19-21
公共財　30, 161, 164, 165
公衆環境研究センター（中国）→ IPE
後発国　11-13, 16, 24, 26
後発性　4, 7-9, 13, 29, 30, 89, 112, 141, 142
後発の公共政策　3, 4, 10, 24, 29, 33, 89, 96, 115, 141
鉱物　4, 148-152, 159
工兵隊（国防省陸軍工兵隊，アメリカ）　101, 109, 110
国民党（中国国民党，台湾）　65, 78, 79
国家環境政策法（アメリカ）→ NEPA
国家権力　27, 28, 58, 147-149, 151, 154, 159-161, 165-167
コミュニティ　130, 131, 144, 149, 150, 152, 154, 156-159, 164

【さ行】

参加　11, 24, 30, 33, 34, 38, 44, 55-59, 67, 96, 136, 138, 163
　公衆──　24-26, 30, 33-40, 54, 58, 59, 96, 113, 114
参加原則　34
産業政策　8, 141
資源回収基金管理委員会（台湾）　67, 69
資源管理　4, 24, 27, 29, 84, 148-151, 158, 164
資源の呪い　149
資源利用　148, 152
自然の友（中国）　37, 38, 45, 49, 51-53, 55-57

指定清除地区（台湾）　68, 70, 73, 81, 85
社会団体→環境 NGO
情報公開　25, 33-36, 40, 59, 130
初期　3-9, 11-14, 19-30, 35, 36, 63, 64, 80, 85, 87, 91, 96, 98, 100, 112, 115, 141, 142, 148, 156, 158, 165
住民組織　152
省庁間協議→協議
自力救済　41, 65
森林　50, 98, 102, 148-151, 159
水区（台湾）　75, 84, 85
水質汚濁（水汚染）　12, 22, 35, 37, 42, 44, 50, 53, 57, 63-65, 69, 71, 76, 78, 83, 86-90
水質汚濁防止法（日本）　21, 84
水質二法（日本）　6, 14, 18, 21-23, 84
政治体制　4, 9-11, 24, 29, 30, 89
生態系破壊　47, 50, 53
生物多様性　12, 112
全国人民代表大会（中国）　33, 38, 39, 44, 52
騒音管制法（台湾）　63, 71, 74, 75, 87
ソーシャルメディア（SNS）　37-39, 57

【た行】

タイ（シャム）　149, 150, 154, 155, 159, 163
大気汚染　12, 14, 21, 35, 39, 40, 50, 57, 63-65, 71, 77, 84, 86, 87, 89, 90
大衆化した保全　102, 104
代替案　26, 29, 96, 97, 100, 113, 114
ダム　26, 44, 95, 98, 101, 106, 107, 109-111, 153, 158, 162
中国政法大学公害被害者法律援助センター → CLAPV
抵抗　27, 147, 164, 167
天津緑領（天津未来緑色青年領袖協会，中国）　57, 58
統治性　161
東南アジア　18, 24, 27-30, 147-149, 154, 155, 158, 159, 164, 166
土壌（汚染）　7, 21, 50, 52, 66
土地　147-150, 162

【な行】

二項対立　27, 147, 150, 152, 158
日本　14-21, 23, 35, 66, 72, 74, 77, 78, 84, 150
日本の経験　13
ニューディール（アメリカ）　98, 104, 105

【は行】

ばい煙規制法（日本）　14, 21-23
廃棄物（管理）　25, 63-75, 80, 81, 83-90
廃棄物清理法（台湾）　25, 63, 64, 66-68, 70-75, 78-85, 87, 89, 90
廃五金　66, 67, 69
配慮
　十分な――　107, 109, 110, 111
　適正――　26, 95, 110, 114
　同等の――　26, 95, 98, 110, 113
非国家アクター　27, 143, 144
福建緑家園（中国）　49, 53
米国天然資源保護協議会→NRDC
ボランティア　25, 37, 38, 55-59, 128, 136, 138, 140
本州製紙江戸川工場事件（日本）　14, 16-18, 21, 22

【ま行】

水汚染→水質汚濁
水汚染防治法（台湾）　25, 63, 64, 71, 72, 74-85, 87, 89, 90
水資源　4, 75-78, 83, 85, 98, 101, 102, 106-113, 151, 166

水資源統一規劃委員会（台湾）→経済部水資源統一規劃委員会
水俣病　5, 14-16, 19
ミャンマー　155, 157, 158
民間非営利団体→環境NGO
民主主義（体制，制度，国家）　9-11, 35, 147
無過失責任　15, 23, 47

【や行】

野生生物　104, 106-112
　――資源　104, 109, 110
　――（の）保全　26, 95, 98, 100, 102, 104, 105, 108, 110, 111, 113

【ら行】

リサイクル　64, 67, 69, 70, 74, 84, 85, 88, 112
リスク　7, 12, 124
立法委員（台湾）　69, 71, 72, 77-80, 83, 84, 90
立法院（台湾）　25, 63, 64, 70, 74, 75, 77-81, 83, 86, 90
緑家園ボランティア（中国）　37
緑行斉魯（済南市緑行斉魯環保公益服務中心，中国）　55-57
緑発会（中国生物多様性保護・緑色発展基金会）　49, 51, 52
連邦動力委員会（アメリカ）→FPC

【わ行】

淮河衛士（中国）　37
和解　46, 50, 51, 53, 55, 56

複製許可およびPDF版の提供について

　点訳データ，音読データ，拡大写本データなど，視覚障害者のための利用に限り，非営利目的を条件として，本書の内容を複製することを認めます（http://www.ide.go.jp/Japanese/Publish/reproduction.html）。転載許可担当宛に書面でお申し込みください。

　また，視覚障害，肢体不自由などを理由として必要とされる方に，本書のPDFファイルを提供します。下記のPDF版申込書（コピー不可）を切りとり，必要事項をご記入のうえ，販売担当宛ご郵送ください。折り返しPDFファイルを電子メールに添付してお送りします。

〒261-8545　千葉県千葉市美浜区若葉3丁目2番2
　日本貿易振興機構　アジア経済研究所
　研究支援部出版企画編集課　各担当宛

　ご連絡頂いた個人情報は，アジア経済研究所出版企画編集課（個人情報保護管理者－出版企画編集課長 043-299-9534）が厳重に管理し，本用途以外には使用いたしません。また，ご本人の承諾なく第三者に開示することはありません。

　　　　　　　　　　　アジア経済研究所研究支援部　出版企画編集課長

PDF版の提供を申し込みます。他の用途には利用しません。

寺尾忠能編『資源環境の形成過程
　　――「初期」の制度と組織を中心に――』

【研究双書638】2019年

住所 〒

氏名：　　　　　　　　　　年齢：

職業：

電話番号：

電子メールアドレス：

寺尾　忠能（アジア経済研究所新領域研究センター）
大塚　健司（アジア経済研究所新領域研究センター）
及川　敬貴（横浜国立大学大学院環境情報研究院）
喜多川　進（山梨大学生命環境学部）
佐藤　仁（東京大学東洋文化研究所）

—執筆順—

資源環境政策の形成過程
——「初期」の制度と組織を中心に——　研究双書 No.638

2019 年 3 月 22 日発行　　　　　定価［本体 2900 円＋税］

　編　者　寺尾忠能

　発行所　アジア経済研究所
　　　　　独立行政法人日本貿易振興機構
　　　　　〒261-8545　千葉県千葉市美浜区若葉 3 丁目 2 番 2
　　　　　研究支援部　　電話　043-299-9735
　　　　　　　　　　　　FAX 　043-299-9736
　　　　　　　　　　　　E-mail　syuppan@ide.go.jp
　　　　　　　　　　　　http://www.ide.go.jp

　印刷所　康印刷株式会社

© 独立行政法人日本貿易振興機構アジア経済研究所　2019
落丁・乱丁本はお取り替えいたします　　　　無断転載を禁ず
ISBN 978-4-258-04638-6

「研究双書」シリーズ

(表示価格は本体価格です)

No.	タイトル	サブタイトル	編著者	年	頁	価格	概要
638	資源環境政策の形成過程	「初期」の制度と組織を中心に	寺尾忠能編	2019年	176p.	2,900円	資源環境政策は「後発の公共政策」であり、その形成過程は既存の経済開発政策の影響を受け、強い経路依存性を持つ。発展段階が異なる諸地域で資源環境政策の形成過程をとりあげてその「初期」に着目し、そこで直面した困難と内在した問題点を分析する。
637	メキシコの21世紀		星野妙子編	2019年	255p.	4,000円	激動のとば口にあるメキシコ。長年にわたる改革にもかかわらず、なぜ豊かで安定した国になれないのか。その理由を、背反する政治と経済と社会の論理のせめぎ合いの構図に探る。
636	途上国の障害女性・障害児の貧困削減	数的データによる確認と実証分析	森壮也編	2018年	199p.	3,200円	途上国の脆弱層のなかでも、国際的にも関心の高い障害女性と障害児について、フィリピン、インド、インドネシアの三カ国を取り上げ、公開データや独自の数的データを用いて、彼らの貧困について実証的に分析する。
635	中国の都市化と制度改革		岡本信広編	2018年	241p.	3,700円	2000年代から急速に進む中国の都市化。中国政府は自由化によって人の流れを都市に向かわせる一方で、都市の混乱を防ぐために都市を制御しようとしている。本書は中国の都市化と政府の役割を考察する。
634	ポスト・マハティール時代のマレーシア	政治と経済はどう変わったか	中村正志・熊谷聡編	2018年	399p.	6,400円	マハティール時代に開発独裁といわれたマレーシアはどう変わったか。政治面では野党が台頭し経済面では安定成長が続く。では民主化は進んだのか。中所得国の罠を脱したのか。新時代の政治と経済を総合的に考察する。
633	多層化するベトナム社会		荒神衣美編	2018年	231p.	3,600円	2000年代に高成長を遂げたベトナム。その社会は各人の能力・努力に応じて上昇移動を果たせるような開放的なものとなっているのか。社会階層の上層／下層に位置づけられる職業層の形成過程と特徴から考察する。
632	アジア国際産業連関表の作成	基礎と延長	桑森啓・玉村千治編	2017年	204p.	3,200円	アジア国際産業連関表の作成に関する諸課題について検討した研究。部門分類、延長推計、特別調査の方法などについて検討し、表の特徴を明らかにするとともに、作成方法のひとつの応用として、2010年アジア国際産業連関表の簡易延長推計を試みる。
631	現代アフリカの土地と権力		武内進一編	2017年	365p.	4,900円	ミクロ、マクロな政治権力が交錯するアフリカの土地は、今日劇的に変化している。その要因は何か。近年の土地制度改革を軸に、急速な農村変容のメカニズムを明らかにする。
630	アラブ君主制国家の存立基盤		石黒大岳編	2017年	172p.	2,700円	「アラブの春」後も体制の安定性を維持しているアラブ君主制諸国。君主が主張する統治の正統性と、それに対する国民の受容態度に焦点を当て、体制維持のメカニズムを探る。
629	アジア諸国の女性障害者と複合差別	人権確立の観点から	小林昌之編	2017年	246p.	3,100円	国連障害者権利条約は、独立した条文で、女性障害者の複合差別の問題を特記した。アジア諸国が、この問題をどのように認識し、対応する法制度や仕組みを構築したのか、その現状と課題を考察する。
628	ベトナムの「専業村」		坂田正三著	2017年	179p.	2,200円	ベトナムでは1986年に始まる経済自由化により、「専業村」と呼ばれる農村の製造業家内企業の集積が形成された。ベトナム農村の工業化を担う専業村の発展の軌跡をミクロ・マクロ両面から追う。
627	ラテンアメリカの農業・食料部門の発展	バリューチェーンの統合	清水達也著	2017年	200p.	2,500円	途上国農業の発展にはバリューチェーンの統合がカギを握る。ペルーを中心としたラテンアメリカの輸出向け青果物やブロイラーを事例として、生産性向上と付加価値増大のメカニズムを示す。
626	ラテンアメリカの市民社会組織	継続と変容	宇佐見耕一・菊池啓一・馬場香織共編	2016年	265p.	3,300円	労働組合・協同組合・コミュニティ組織・キリスト教集団をはじめ、ラテンアメリカでは様々な市民社会組織がみられる。コーポラティズム論や代表制民主主義論を手掛かりに、近年のラテンアメリカ5カ国における国家とこれらの組織の関係性を分析する。